再造烟叶设备
日常故障诊断及维修

周贤钢

主编

ZAIZAO YANYE SHEBEI

RICHANG GUZHANG ZHENDUAN JI WEIXIU

中南大学出版社
www.csupress.com.cn
·长沙·

编委会

◎ 主　编

周贤钢

◎ 副主编

晏群山　　李鹏飞　　倪家志

◎ 编　委

李　栋	高　颂	黄　文	张　翼
雷冬冬	熊　斌	刘志昌	王亦欣
彭　艺	李　栓	童宇星	陈前进
王水明	毛文煜	高　亮	吴　敏
邱　涛	舒　衡	尹　戈	杨　伟
梅秋实	夏志刚	李之壁	

前言

在卷烟的生产过程中,有 1/3 的烟草原料会在制造成品过程中被浪费。据有关资料统计,目前我国每年有上千万吨的烟草原料被废弃或丢弃。以往,对于烟梗、烟末、烟碎片等的处理方式均采用丢弃的方式,这种方式不仅造成了大量烟草原料的浪费,而且对环境也造成了污染。

2017 年,一则有关香烟中掺入"纸屑"的新闻传遍全国,大连市金州区张先生在多家超市购买的某一品牌香烟中均发现了"纸屑",张先生质疑多家超市售卖假烟,以"纸"冒充烟丝。

卷烟中是否真裹着"纸屑"?毫无疑问,这并非事实。这种看似纸张的物品实则是一种特制的"烟草薄片",学名为再造烟叶,是运用高科技手段加工而成的一种人工再造烟叶。我国有关法律法规规定,再造烟叶和普通烟叶均可作为卷烟原料。

再造烟叶作为一种重要的烟草制品,广泛应用于传统卷烟和新型烟草制品中。其独特的制作方法不仅可以提高烟叶的利用率,还能人为地调整烟草中的化学成分,降低卷烟中焦油等有害物质的产生量,同时提高卷烟产品的质量。本书介绍了 4 种常见的再造烟叶制作方法,即造纸法、稠浆法、辊压法和干法。

造纸法是一种工艺成熟的再造烟叶制作方法,具有产量高、耐加工性能好等优点。该方法的主要操作流程是将烟草原料经过溶剂提取、固液分离后,将其中的固体部分按造纸的方法加工成基片,液体部分则制成涂布液,然后将涂布液采用双辊涂布等方式涂到基片上,经热风烘干和切片等工序后制成薄片。采用这种方法生产的薄片成丝率高,但雾化剂负载低,木质气较明显。

稠浆法的主要操作流程是将烟草物质粉碎,加入水和黏合剂、雾化剂、香料等形成稠浆，再将稠浆布浆到不锈钢带上形成涂膜，经干燥、剥离后收卷或切丝使用。采用这种方法生产的薄片均质化程度较高，具有较好的耐加工性能、导热均匀性和烟气递送均匀性。但是，该方法所需设备价格高，生产成本也相对较高。

辊压法是一种设备及工艺简单的再造烟叶制作方法，制备成本低，用水量少，能耗低。该方法的主要操作流程是将烟草原料经过粉碎、混合搅拌后，通过多级辊压成型，经干燥后分切成一定规格的烟草薄片(丝)。虽然采用这种方法生产的薄片易造碎，耐加工性能差，但通过多级辊压可以使薄片结构更加均匀。

干法借鉴了干法气流成型造纸技术发展起来的新型薄片技术，以空气作为载体，使烟草原料在成型网上形成纤维薄层，然后采用喷涂的方式将涂布料喷涂至纤维薄层的两面，经干燥后制成烟草薄片。干法具有工艺成熟、片基强度高、结构疏松、适宜发烟、效果好等优点。但是，这种方法存在能耗高、片基成型时厚度控制难度高、涂布均匀性差等问题。

再造烟叶在传统卷烟及新型烟草制品中的应用越来越广泛。不同的制作方法具有不同的优缺点，可以根据产品的需求和特点选择合适的制作方法。同时，为了进一步提高再造烟叶的质量和生产效率，还需要不断研究和探索新的制作方法和工艺。

随着人们对吸烟和健康问题越来越关注，再造烟叶在卷烟中的应用被视为提高卷烟吸食安全性的重要策略之一。近年来，国内外学者对造纸法在烟草生产中的应用进行了大量研究并取得了一定进展，主要集中在再造烟叶的原料选择和制备工艺方面。再造烟叶造纸法生产工艺不仅可以优化叶组配方，有效提升卷烟的内在品质，而且还能在不影响卷烟香气质和香气量的前提下，高效地降低焦油含量，是目前卷烟降焦减害极具潜力的一个有效途径。

笔者在过去20多年的工作中，对再造烟叶设备的相关领域进行了深入研究，本书主要分享了笔者对再造烟叶设备的认知和理解，希望能够为广大读者提供启示，同时也期待再造烟叶设备领域的专家、老师能够给予批评和指正！

周贤钢

2024年4月

目 录

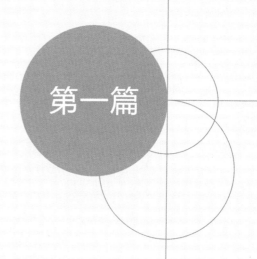

第一篇

造纸法再造烟叶设备

造纸法再造烟叶是将烟梗、烟末和烟碎片等烟草原料先用水萃取，不溶性物质添加天然纤维制成浆后进入造纸机，初步形成纸网；水溶性物质经浓缩后和添加剂一并加入纸网中，干燥后即为成品。加工制造时，可从水溶性物质中提取或除去某些烟草成分，均质烟叶调制多用此法。采用此法所生产的再造烟叶干强度、湿强度高，不易破碎，且单位体积质量轻，燃烧速度快，生成的焦油量低。由于造纸法再造烟叶工艺复杂、能耗较多、设备投资大，适于较大规模生产。

　　相较于种植烟叶，造纸法再造烟叶具有更为疏松的结构和更佳的燃烧性能，可有效降低焦油含量，提升烟草原料的利用效率。此外，还可以增加烟气中一氧化碳的浓度，使之更符合健康要求。

　　造纸法再造烟叶具有极高的可塑性，为卷烟加香和加料提供了全新的媒介，同时也为卷烟配方的制定提供了极大的自由度。在现代卷烟工业中，造纸法再造烟叶在提高产品质量、降低成本方面发挥着越来越大的作用，是一种值得大力推广应用的先进技术。其丰富的卷烟配方资源使其成为多种卷烟产品开发的理想选择，同时也是配方创新的重要基础。造纸法再造烟叶可以在一定程度上缓解我国现有卷烟市场对高档卷烟的需求与高档卷烟生产供应能力之间的矛盾。通过采用造纸法制作再造烟叶，可以最大限度地提升卷烟产品的品质，从而增加低档烟叶的使用价值。

第一章
制液设备

在造纸法再造烟叶生产过程中，烟草原料打浆前会提前加入水，但加水会稀释烟草原料的颜色和味道，故须对原料进行前置处理，即提前用60~80℃的热水浸泡原料，这个过程称为萃取。浸泡后的水会含有一部分不溶于水的颗粒，需要利用离心机把这类颗粒过滤掉，得到的较纯净的烟草浸泡液体称为精制液。将精制液投入浓缩机后就可得到相应的浓缩液，再与特定配比的香精、香料混合，就可得到所需的涂布液。在生产再造烟叶基片的过程中，把涂布液涂到基片上就可得到再造烟叶原片。造纸法再造烟叶生产流程图如图1-1所示。

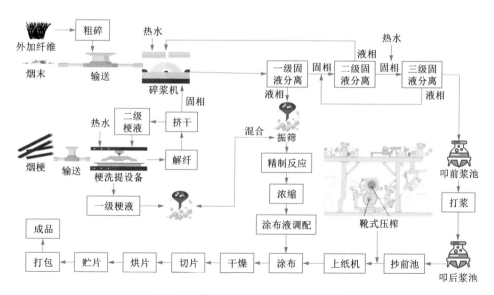

图1-1 造纸法再造烟叶生产流程图

第一节　卧螺离心机

　　能够提炼浓缩铀的离心机为转速超 20000 r/min 的高速离心机，具有高真空、高转速、耐强腐蚀性、高马赫数、长寿命、不可维修等特点，其研制涉及机械、电气、力学、材料学、空气动力学、流体力学、计算机应用等多种学科的理论和技术领域，技术难度很大。而用于生产造纸法再造烟叶的卧螺离心机，其转速一般为 4000 r/min。卧螺离心机是一种卧式螺旋卸料、连续操作的沉降设备，如图 1-2 所示。它主要由螺旋输送器、转鼓、差速器三个部分组成。

图 1-2　卧螺离心机

　　我国在 20 世纪 70 年代末引进卧螺离心机之后，参考国外著名公司生产的卧螺离心机并进行研制，虽然研制成功，但机器性能还落后于工业发达国家。

　　卧螺离心机的发展历程可以追溯到 20 世纪中叶。早期的卧螺离心机技术相对简单，主要用于固液分离。随着工业技术的不断进步，卧螺离心机在结构、材质、控制系统等方面得到了持续改进，逐渐适应了更多复杂工况的需求。

过去几十年来，卧螺离心机技术经历了快速发展。在结构方面，转鼓直径不断增大，长径比提高，使得处理能力大幅提升；在材质方面采用了更耐磨、耐腐蚀的材料，提高了设备的使用寿命；在控制系统方面，实现了自动化编程控制，提高了生产效率和安全性。此外，卧螺离心机在差速器、减振装置、轴承润滑等方面的技术创新也取得了显著成果。

国产卧螺离心机制造所用的材料较重，设备体积较大，检查、保养、维修较困难，日常使用过程中须频繁加油，油耗需求高，并且易出现卡死、不出料等故障，造成故障的原因主要是差速器、轴承或轴损坏。这些对生产的连续性、时效性会产生较大的影响。

进口卧螺离心机整机比较轻巧，只需定时、定量加油，定期返厂维修保养，即可减少故障频率，但价格昂贵，后期使用费用高。

卧螺离心机出现故障后，要根据现象逐一判断故障原因并解决。常见故障可依据说明书中的"常见故障原因分析及解决方法"逐步排除。卧螺离心机的常见故障通常需要通过拆解机体进行维修。

案例： 维修工张某在处理一起离心机不出渣的故障时，准备根据以往经验打开机壳后先固定转鼓，再手动转动皮带盘使转鼓内的螺旋输送器转动，从而将转鼓内的渣料排出。但是在转动皮带盘的过程中，张某发现以往的经验并不适用，转鼓内并没有出渣。经仔细检查设备，判断为出渣料太干，导致螺旋输送器卡死不能出渣。于是对转鼓内加水稀释。继续转动皮带盘，此时，转鼓内的渣料仍然没有排出。张某反复寻找原因，一边转动皮带盘，一边观察螺旋输送器的转动方向和转动情况，发现皮带盘转动时转鼓与螺旋输送器的转动速度一致，最终找到故障原因：螺旋输送器与皮带盘连接的主轴断了。更换主轴后设备恢复正常运行。

由此案例可知，机械维修人员对设备的判断不能总依靠经验，而应该勤动手、善观察、会动脑。

卧螺离心机常见故障、产生原因及排除方法如表1-1所示。

表1-1　卧螺离心机常见故障、产生原因及排除方法

常见故障	产生原因	排除解决
启动困难	①离心机启动电流大、时间长、造成电气开关断电保护； ②转鼓内存留物多，螺旋输送器受阻； ③油压太低或压力继电器失灵	①适当调整时间继电器； ②加清水冲洗并配合手动盘出； ③调整相关部件
空运转震动剧烈	①维修装配时转鼓刻线未对准，破坏了动平衡精度； ②润滑油变质； ③主轴承失效； ④主轴承内圈与轴配合松动； ⑤螺旋输送器轴承失效； ⑥出液口、出渣口螺栓未拧紧或管道刚性连接； ⑦机头法兰松动引起差速器振动； ⑧差速器损坏(一般由缺油引起)； ⑨停车后阀门未关紧而进料，引起转鼓内积料而产生偏重； ⑩旋转部件的连接处有松动、变形； ⑪更换的新部件动平衡不好； ⑫有关部件磨损严重； ⑬机壳中堆积的物料摩擦转鼓表面	①重新对准刻线； ②按使用说明书所述方法更换； ③更换轴承； ④修复或更换端盖； ⑤更换轴承； ⑥拧紧螺栓，管道改弹性软连接； ⑦更换机头法兰或小端盖； ⑧更换差速器配件； ⑨进水洗涤，积料严重时，停机后用手逆时针方向转动差速器的副皮带轮，排出积料，待排完积料后，方可重新投入使用； ⑩检查修复； ⑪调整或更换； ⑫修理； ⑬清理或定期冲洗
空车电流高	①三角皮带及皮带轮(尤其是主皮带轮)有油而打滑，引起摩擦能量消耗(这时差速器主皮带轮及副皮带轮发烫)； ②差速器故障(一般由缺油引起)导致电流升高，这时差速器外壳、副皮带轮及输入轴发烫	①清除油污； ②更换配件，更换润滑油，检查外壳密封情况

续表 1-1

常见故障	产生原因	排除解决
空载运行轴承座温度超过 70 ℃或温升超过 35 ℃	①油变质，失去润滑作用，原因如下： a. 轴承座进入异物（如蒸汽、水、料液等） b. 使用时间太长，已变质 c. 油本身质量较差 ②轴承损坏或间隙太小； ③皮带太紧导致主轴承摩擦功耗增加而发热； ④供油量小或断油	①更换润滑油； ②更换轴承； ③适当调松皮带； ④检查油压、油量、输油管路
差速器温度过高（超过 85 ℃）	①差速器缺油； ②负荷太大； ③散热不好； ④差速器内部轴承或零件损坏； ⑤新差速器	①检查差速器，加入油脂； ②调整负荷； ③改善工作环境温度； ④检修差速器； ⑤磨合期轻载运行
转鼓与螺旋输送器频繁同步	①进料多、负荷大； ②转鼓与螺旋输送器之间有碰、卡现象； ③差速器损坏； ④物料中有粗大颗粒进入离心机	①调整进料量； ②检查转鼓、螺旋输送器； ③更换； ④检查过滤装置
运行中停车	①油压过低或油压继电器误动作； ②主电机过载	①查明原因，重新调整； ②降低负荷
不排料	①悬浮液浓度太低或进料量太少； ②固相与液相比重差太小； ③机器旋转方向相反； ④差速器损坏； ⑤转鼓排料口阻塞或内部积料； ⑥外壳与转鼓间有料堆积	①加大进料量； ②改进工艺； ③查明原因并改正； ④更换新的差速器； ⑤停机检查； ⑥开罩检查
排料中含水量高	①进料量过多； ②液层深度太深； ③离心机转速低导致固液分离效果不佳	①减少进料量； ②调整液层深度； ③提高离心机转速

续表1-1

常见故障	产生原因	排除解决
清液中含固量高	①离心机转速低; ②进料量太大; ③液层深度太浅; ④物料难以分离	①提高转鼓转速; ②减少进料量; ③调整液层深度; ④改进工艺
有异常噪声	①轴承损坏; ②有碰撞机壳或管线现象	①检查更换; ②检查排除

第二节　碟式离心机

　　1836年德国纺织工业迅速发展,出现了第一台棉布脱水机。1877年,正值第二次工业革命,瑞典发明了用于分离牛奶的离心机以适应乳酪加工业的需求。进入20世纪之后,随着石油业的发展,人们对离心机的要求越来越高,要求其能排除水、杂质、焦油等物质。20世纪50年代,瑞典研制出自动排渣的碟式活塞排渣分离机,如图1-3所示。到20世纪60年代,碟式离心机已发展完善。

图1-3　碟式活塞排渣分离机

不同于卧式离心机，碟式离心机是一种立式离心机。它的转鼓内不是螺旋而是许多碟片，碟片的作用与螺旋相似，都是过滤固体颗粒和分离液体。

碟式离心机主要由机壳、转鼓、进出料口装置、电机和自动控制箱等组成。

在造纸法再造烟叶中，由于碟片与碟片之间有较小间隙，烟草精制液从转鼓中心轴进入，形成若干层，缩短了颗粒沉降路程，从而缩短了沉降时间，加速了离心分离的过程。

碟式离心机常见故障、产生原因及排除方法如表 1-2 所示。

表 1-2　碟式离心机常见故障、产生原因及排除方法

常见故障	产生原因	排除方法
转鼓达不到额定转速或启动时间过长	制动器手柄未松开，液力耦合器内油太少，机器内部有机械碰擦，大螺旋齿轮打滑	按下制动器手柄，添加液力耦合器油，检查机器的安装情况，拧紧大螺旋齿轮锁紧螺钉
启动过快，启动电流太高	液力耦合器内油太多	检查液力耦合器内油位，适当减少液力耦合器油
操作中转鼓失速	液力耦合器漏油，电机减速，排渣太频繁	检查液力耦合器是否漏油，检查电源电压和电机，等电流恢复正常才能进行手动排渣
分离机运转不平稳	转鼓部分装配不正确，立轴轴承精度下降，立轴的上、下弹簧损坏，大小螺旋齿轮磨损过大或损坏，转鼓内物料堵塞，转鼓内零件磨损影响动平衡精度	检查转鼓装配情况，重新装配转鼓，更换立轴轴承，更换一套弹簧，停机检查齿轮箱，换齿轮和润滑油，进行几次部分排渣，经专业人员检查后进行平衡校验
声音异常	机器内部碰擦，机盖内残渣无法排出	停机检查原因，调整转鼓高度，停机清理机盖内残渣
转鼓不密封	操作水压力太低，电磁阀（密封阀）故障，转鼓盖与小活塞密封损坏	操作水压力调至 0.25 MPa 以上，检查电磁阀是否堵塞，清洗阀芯，更换密封圈

续表 1-2

常见故障	产生原因	排除方法
排渣不畅	滑动活塞密封圈损坏,小活塞和阀体上的密封圈损坏,滑动活塞不灵活,参数设定不合理,排渣电磁阀故障	检查滑动活塞密封圈的质量,更换损坏的密封圈,检查、清理滑动活塞与转鼓的结合面,调节触摸屏参数,检查电磁阀(接线)

第三节　双效真空浓缩设备

　　浓缩是指蒸发稀溶液中的溶剂,提高溶液的浓度,减少不需要的部分、增加需要部分的相对浓度比例。

　　蒸发浓缩是指通过加热或减压的方法使溶液沸腾,部分溶液气化蒸发,溶液得以浓缩的过程。蒸发浓缩将溶液浓缩至一定浓度以符合工艺要求,使其他工序更为经济合理。为了缩短受热时间且不影响所要求的浓缩量,通常采用真空膜式蒸发浓缩,即让溶液在蒸发器的表面以很薄的液层流过,并很快地离开热表面,溶液在短时间内就被气化、浓缩。

　　双效真空浓缩设备是再造烟叶生产线上对再造烟叶提取液进行浓缩的重要设备,如图1-4所示。烟草原料在萃取精制后,浓度仅为8%左右。为满足后续工艺要求,须采用双效真空浓缩设备进行浓缩,将烟草精制液浓缩至浓度为40%左右。

　　双效真空浓缩设备常见故障、产生原因及排除方法如表1-3所示。

表1-3　双效真空浓缩设备常见故障、产生原因及排除方法

常见故障	产生原因	排除方法
真空度低、蒸发温度高	①快接头松动,垫圈等密封件损坏; ②冷却水不足,排水温度过高; ③热压泵的工作蒸汽高; ④真空系统有故障	①更换快接头、垫圈等损坏的密封件; ②增加冷却水; ③降低热压泵的工作蒸汽; ④排除真空系统故障

续表 1-3

常见故障	产生原因	排除方法
蒸发管结垢	①原料乳酸高； ②进料量少； ③中途停车断料； ④物料分配孔堵塞； ⑤加热温度高； ⑥清洗不彻底	①降低原料乳酸； ②加大进料量； ③清洗蒸发管； ④清洗蒸发管； ⑤降低加热温度； ⑥重新清洗蒸发管
出料不连续或不出料	泵盖、泵的进料管路漏气	对漏气部位进行处理
出料浓度低	①进料量大； ②热压泵工作蒸汽压力低； ③物料泵的密封件损坏； ④蒸发管结垢	①降低进料量； ②提高热压泵工作蒸汽压力； ③更换损坏的密封件； ④清洗蒸发管

图 1-4　双效真空浓缩设备

为了保证设备的正常、安全运转，停机后必须立即进行清洗，及时封盖，避免污染。双效真空浓缩设备密封处的衬胶、垫圈等容易老化及脱落，会导致阀门泄漏、仪表失灵等，故必须经常检查，及时更换。有关设备的其他易损零件，亦应备件，以备更换。检修后，应进行压力、真空度等测试。

第四节　MVR 蒸发器

>>>

　　应用于造纸法再造烟叶的 MVR 蒸发器是一种新型高效节能蒸发设备，如图 1-5 所示。该设备采用了低温与低压蒸汽技术，即利用清洁能源产生的蒸汽，将烟草精制液中的水分分离出来。该设备采用的是国际先进的蒸发技术，是替代传统蒸发器的升级换代产品。

图 1-5　MVR 蒸发器

　　MVR 蒸发器不同于普通单效降膜或多效降膜蒸发器。MVR 为单体蒸发器，集多效降膜蒸发器于一身，具体使用时根据所需产品浓度采取分段式蒸发，即精制液在第一次经过 MVR 蒸发器后若不能达到所需浓度，则利用 MVR 蒸发器下部的真空泵将精制液通过 MVR 蒸发器外部管路抽到 MVR 蒸发器上部，使其再次通过 MVR 蒸发器，如此反复操作直至达到所需浓度。

　　MVR 蒸发器内部为排列的细管，管内为产品，管外为蒸汽，精制液自上而下地流动。由于管内面积增大，产品呈膜状流动，相应地增加了产品的受热面积，产品通过真空泵时 MVR 蒸发器内形成负压，降低了产品中水的沸点，从而实现浓缩。产品蒸发温度为 60 ℃ 左右。

产品经 MVR 蒸发器加热蒸发后产生的冷凝水、用于 MVR 蒸发器加热后残余的蒸汽及其他蒸汽经分离器分离，冷凝水由分离器下部流出，用于预热进入 MVR 蒸发器的产品，蒸汽经风扇增压器增压（蒸汽压力越大温度越高），经增压的蒸汽于管路中汇合后与一次蒸汽再次通过 MVR 蒸发器。

MVR 蒸发器启动时需利用一部分蒸汽进行预热，正常运转后所需蒸汽会大幅度减少，这是因为风扇增压器在对二次蒸汽进行加压时电能转化为蒸汽的热能，所以 MVR 蒸发器在正常运转过程中所需蒸汽减少，而所需电量大幅增加。

精制液在 MVR 蒸发器内流动的整个过程中温度始终保持在 60 ℃ 左右，蒸汽与精制液之间的温度差也保持在 5 ~ 8 ℃。精制液与加热介质之间的温度差越小，越有利于保证产品质量、有效防止糊管。

第五节　冷却塔

冷却塔是浓缩机的配套设备。冷却塔就像一个大的"鸟笼子"，中间填料就像一些老式的石棉瓦片，顶部是一个大的风扇，热水被管道离心泵输送到冷却塔上部，再通过配水系统均匀地喷洒于填料上并自由流动，同时冷空气从塔下部上升或由侧面进入设备，热水与冷空气进行冷热交换，冷空气把热量带走，风机再将其排出冷却塔外，以达到降低水温的效果。

冷却塔由填料、通风设备、收水器、集水池、输水系统、空气分配装置、配水系统、塔主体外部围护结构及其他设备组成，如图 1-6 所示。

填料可使进入冷却塔的热水尽可能地形成细小的水滴或薄的水膜，以增加热水与冷空气的接触面积和接触时间，有利于热水和冷空气的热、质交换。常见淋水装置为点滴式淋水装置、薄膜式淋水装置和网格形模板淋水装置。

通风设备由电机、减速机、风机组成，以产生符合设计要求的空气流量，达到满足要求的冷却效果。机械通风冷却塔主要采用轴流风机。

收水器的作用是降低冷却塔排出的湿空气中的含水量。空气流过填料和配水系统后携带了许多细小的水滴，在空气排出冷却塔之前需要用收水器回收部分水滴，以减少冷却水损失和对外界环境的影响。

图1-6　冷却塔

　　集水池位于冷却塔下部或另外设置，用以汇集经填料冷却的水。如果集水池还起调节流量的作用，则应有一定的储备容积。集水池设补水管、排污管、溢流管。

　　输水系统进水管把热水送往配水系统，进水管上设阀门，调节进塔水量；出水管把冷水送往用水设备或循环水泵，必要时多台冷却塔之间可设连通管。

　　空气分配装置由进风口、百叶、导风板等组成，其作用是引导空气均匀地分布在冷却塔整个进风截面上。

　　配水系统的作用在于把热水均匀地分布于整个填料的表面上，以充分发挥填料的作用。其形式有管式（可分为固定式、旋转式）、槽式和池式。

　　塔主体外部围护结构包括框架、外板，具有支撑、维护和组合气流的功能。框架要做防腐处理，可刷油漆或热浸锌以提高防腐能力。

　　其他设备包括检修门、检修梯、通道、避雷装置、减震器、电加热器等。

冷却塔常见故障、产生原因及排除方法如表1-4所示。

表1-4　冷却塔常见故障、产生原因及排除方法

常见故障	产生原因	排除方法
配水不均匀	①喷头出口有杂物； ②喷头脱落； ③喷头出水压力太低	①清除喷头出口； ②重装喷头； ③提高水压力
出水温度过高	①循环水量过多； ②风量不足	①调节水量； ②调整叶片安装角，检查填料或收水器是否堵塞
风机有异常振动	①安装螺栓松动； ②风机叶片不平衡； ③传动轴弯曲	①重新紧固； ②检查每片叶片安装角偏差是否在规定范围内，重新校正静平衡； ③更换传动轴
变速箱发出异常声音	①齿轮磨损； ②轴承损坏； ③齿轮箱缺油	①调换齿轮； ②更换轴承； ③加20#~50#工业齿轮油
减速箱漏油	新冷却塔磨合期内油封失效，油管接口渗漏	运行一周内出现此状况属正常，运行一周后出现此状况则应更换新油，检查油封，密封接口处，或决定是否更换冷却塔
风机叶片发出异常声音	①风机叶片卡风筒； ②紧固件、连接件松动	①调整风机位置； ②检查、拧紧
冷却塔漂水大	风量过大	调整风机
进风窗溅水	①收水器损坏； ②配水外溢	①检查收水系统，更换损坏件； ②检查配水盘布水情况

第二章

制浆设备

在造纸行业中，有一句老话是"七分浆，三分造"，这句话在造纸法再造烟叶生产中一样适用。打浆在整个生产过程中的重要性非同一般。浆料质量的稳定性直接决定了生产能否保持高效、连续，所以在整个生产过程中打浆是重点。造纸法再造烟叶的制浆过程就是将烟梗、烟末、烟碎片等原料制成的烟草浆与一定量的木浆及填料等混合。

第一节　碎浆机

>>>

再造烟叶的主要原料是烟梗和烟末中的纤维，但烟叶的纤维质量在草类植物中是比较差的，其纤维素含量比一般草类植物的含量还要低50%以上，所以烟叶(含烟梗)的纤维并不适合造纸。在造纸法再造烟叶生产过程中，烟叶基片的成型均须添加一定量的优质木纤或麻纤(即外纤)，以改善烟叶基片的物理性能和减少再造烟叶中的有害物质。造纸法再造烟叶可以看成是以优质纤维为基本"网络"、以烟梗和烟末为填充料的"烟纸"。

外纤制浆通过碎浆机(图2-1)进行。

碎浆机是制浆生产的重要设备，要加强生产过程中的保养与维修。碎浆机的保养和维修工作主要有以下几个方面。

（1）主轴承润滑

碎浆机的主轴承是重要部件，一旦磨损，则维修困难，故要做好主轴承的润滑工作。应选用耐高温、耐负荷、低转速的润滑脂，如二硫化钼润滑脂(耐高温、耐高压)。连续生产的企业，可每个班用加油枪直接将润滑脂注入主轴承内。

（2）减速箱润滑

减速箱是传递负荷的啮合传动装置，容易磨损，故要保持良好的润滑，注意油位及油质的变化，选择黏度大的齿轮润滑油。

图2-1　碎浆机

设备在工作时由于摩擦作用会产生磨损，磨损下来的铁屑落入油中，使得齿轮的啮合处磨损加重。故需要定期换油(一般每两个月清洗更换一次，污油经过滤澄清后再掺用)。

（3）日常巡查

①经常检查各部轴承和电动机的温度变化情况(一般为50~65 ℃)，同时注意各转动轴和轴承接触部位的转动和接触情况，各处转动声音是否有异常(如不正常的金属摩擦声或撞击声)，发现问题及时处理。

②随时注意检查所有连接部分的螺栓和定位销的紧固情况，以及摩擦部分的摩擦情况，发现问题及时处理。

③对于易损零部件，如盘根、旋塞、轴承等要经常检查，及时更换，以保证其工作性能良好。

④碎浆机要定期检修，碎浆机1个清洗周期做1次维修保养，1年中修1次，6年大修1次。

⑤注意设备的防腐蚀处理。

⑥准备备品备件。为保证设备运行正常、缩短检修时间，平时需要准备一些备品备件，以便易损件损坏时及时更换。备品备件数量可视零部件易损程度和磨损周期以及各地具体生产维修条件而定。

碎浆机常见故障、产生原因及排除方法如表2-1所示。

表2-1　碎浆机常见故障、产生原因及排除方法

常见故障	产生原因	排除方法
传动功耗增加	①碎浆浓度太高； ②转子和筛板之间有异物或杂质	①降低皮带输送机的速度； ②排空碎浆槽，清理杂物
减速箱温度高	①润滑不到位； ②冷却水系统故障	①检查油位； ②检查冷却水循环系统
减速箱声音大	①润滑不到位； ②轴承损坏	①测量温度；检查油位和油循环； ②如有必要，修理或更换齿轮箱
填料密封水带浆	①填料磨损； ②轴套磨损； ③密封水压力低	①拧紧填料函压盖，更换填料函填料； ②更换轴套； ③提高密封水压力
填料函温度高	①密封水流量太小； ②密封水堵塞； ③填料函压盖太紧	①调节密封水流量； ②清洗密封水管道； ③拆卸填料函部件（填料圈、分水环），然后重新安装并进行调节
碎解能力下降	转子磨损	修理转子

第二节　双盘磨浆机

双盘磨浆机由磨浆室、传动机构、底座、电动机等组成，如图2-2所示。磨浆室中，固定在机壳和移动座上的两个固定磨片与安装在转动盘上的两个转动磨片形成两个磨区。

更换双盘磨浆机磨片时一定要注意确认磨片磨齿的纹路，如图2-3所示。

双盘磨浆机在造纸法再造烟叶制备中常被用作对烟叶碎片、烟末、木纤等原料进行低浓磨浆。双盘磨浆机能提升造纸法再造烟叶浆料纤维的长宽比、降低粗度，有利于造纸法再造烟叶浆料质量的稳定，满足造纸机的生产要求。

图 2-2　双盘磨浆机

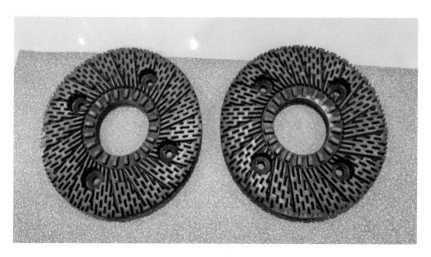

图 2-3　双盘磨浆机磨片

双盘磨浆机的易损件主要是磨片、轴承、水封圈和盘根等，在使用中应注意以下几点：

①操作时应先开机后通浆，再逐渐进刀，防止干磨现象。

②为使磨出的浆料质量稳定，进浆量要稳定，进浆浓度不应低于 4%。

③正常情况下换磨片可采取逐台轮换的办法。

④机器运转时要经常检查水封圈的密封水、油位，以及盘根和轴承的温度。

⑤采用控制进浆量、开大出浆量的方法，既可保护轴的水封圈、延长盘根的使用寿命，又可降耗。

⑥要随时注意各台机器的电流变化，经常检查电机的温升情况，严禁电机超负荷运转，以免烧坏电机。

⑦严防铁件或其他硬物进入机器。如发现有异常声响，应立即停机检查，清除异物。

⑧正常运转中，若发现机器突然发出尖叫声(磨片间直接摩擦所致)、机器外壳温度剧增、出浆量减少或浆料变黑等现象，应立即检查进浆口是否堵塞或抽浆泵是否有故障，同时，应立即打开清水阀门进水或者退刀。

⑨更换磨片应成对更换。更换新磨片后，先空运转进水磨合。磨片磨至完全吻合后才能使用。在磨合过程中，可根据电流变化逐步进刀。

双盘磨浆机常见故障、产生原因及排除方法如表2-2所示。

表2-2　双盘磨浆机常见故障、产生原因及排除方法

常见故障	产生原因	排除方法
出料口纸浆不均匀	磨片两边间隙不均匀或磨片磨损不均匀，联轴连接过紧，无间隙	检查磨片磨损情况，检查主轴轴向移动是否灵活
主轴轴向移动不灵活	联轴节尼龙销有较深的压痕磨损，影响移动灵活性	更换尼龙柱销
移动座不灵活，使进给电机发热、跳闸	缺润滑脂	清洗配合部位，按要求加润滑脂
漏浆	O型密封圈磨损、降低密封性能	更换O型密封圈

第三节　高浓解纤机

>>>

解纤是指将植物纤维原料分离成细小纤维的工艺过程，是造纸法再造烟叶生产中的重要工序。高浓解纤机(图2-4)减少了烟梗纤维切断现象，有效地提高了烟梗解纤率。解纤设备决定了再造烟叶产品的质量。

喂料螺旋输送器把浆料输送到高浓解纤机，浆料在由动盘和静盘相互咬合组成的分散区内被强力揉搓，纤维与纤维、纤维与磨齿间的强烈摩擦，可使尘埃和胶黏物细化并均匀分散开来。

图 2-4　高浓解纤机

　　磨片安装步骤：

　　①打开高浓解纤机，拆除旧的磨齿。

　　②动盘和静盘安装表面需要清理干净，不能影响磨片的安装和固定。

　　③磨片需要彻底清理干净，这样才能确保磨片安装到位、磨片间相互咬合。

　　④安装新磨片时，需要按照磨片上面的编号，顺时针安装所有的磨片，方能保证各磨片之间配合和动态平衡。

　　⑤确保采用正确的螺栓和润滑方式。

　　⑥确保动盘和静盘磨片配合良好，各磨片间隙平均分配，这样才能最大限度地减少设备的震动。

　　⑦磨片边缘需要顶紧盘面上的凸条，然后紧固各磨片。

　　⑧磨片需要用扭力扳手，采用合适的扭力锁紧所有的螺栓。

　　高浓解纤机常见故障、产生原因及排除方法如表 2-3 所示。

表 2-3　高浓解纤机常见故障、产生原因及排除方法

常见故障	产生原因	排除方法
热分散效果差	①比能耗低； ②磨齿磨损严重	①增加比能耗，提高压榨螺旋出口干度； ②更换磨片
功率消耗太高	①比能耗太高； ②浆温太低； ③轴承磨损	①降低比能耗，降低浆料干度； ②提高浆温； ③更换轴承
浆料碳化	①浆料流量太低； ②比能耗设定太高	①增加浆料流量； ②降低比能耗
磨齿磨损严重	浆料不够干净；长时间使用	检查上段工序除渣设备是否正常工作
喂料螺旋堵塞	浆料浓度太高	适当降低进浆干度
浆料从填料函跑出	①密封水压力低； ②填料函磨损； ③轴保护套损坏	①密封水压力要比浆料压力高至少 0.05 MPa； ②更换填料函； ③更换轴保护套

第四节　单螺旋挤干机

单螺旋挤干机是一种浆料浓缩脱水设备，如图 2-5 所示，在再造烟叶生产中主要用于烟梗、烟末浆料的挤干脱水。当后续浆料不连续时，为了使出浆浓度保持稳定，在螺旋主轴上设计截流段，截流段设有螺旋叶片，螺旋叶片可使前面物料被后面物料挤压前进。

一定浓度的浆料由进料箱进入单螺旋挤干机后，随着螺旋主轴的旋转，浆料被推向出料端方向。在此过程中，由于螺旋锥度变大和螺距变小，筛框和螺旋之间的横截面积(浆料容积)逐渐变小，浆料受到挤压，且随着挤压力逐渐上升，浆料中的水分被挤出筛框之外，从而实现脱水。螺旋主轴末端出料口处，由于反压环的堵塞和挤压作用，脱水效果进一步提升，被脱出的滤液由接水盘收集并经管道流入滤液池。

单螺旋挤干机产能高，出料浓度高，应用广泛。其主轴做了喷涂处理，可避免浆料黏附主轴，产能更高且经久耐用。高压区螺旋旋翼有耐磨靴保护。出

图 2-5　单螺旋挤干机

料端有破碎锥保证浆块被均匀破碎及卸料。专利设计的高压区筛框内有沟槽，可防止浆块随主轴旋转；筛框耐压，且为上下分体式设计。自动且安全的控制系统在产量变化的情况下依然可确保稳定的出料干度。主轴末端配有一体成型的筛板可将浆料进一步脱水，从而获得更高干度；该筛板耐磨且可更换。主轴末端脱水区域配有自动清洗喷嘴，可保持筛板和脱水区域干净无堵塞。

单螺旋挤干机常见故障、产生原因及排除方法如表 2-4 所示。

表 2-4　单螺旋挤干机常见故障、产生原因及排除方法

常见故障	产生原因	排除方法
进料箱压力上升	①进料流量太大； ②进料浓度太低； ③螺旋转速太慢； ④螺旋反压太高； ⑤耐磨涂层磨损（可能）	①减少进料流量； ②提高进料浓度； ③增加转速设定值； ④减少反压设定值； ⑤检查并更换耐磨涂层板

续表 2-4

常见故障	产生原因	排除方法
滤液不能通过筛框（无法脱水）	①筛孔堵塞； ②螺旋叶片和筛框之间的间隙太大； ③耐磨靴磨损	①高压水枪清理筛框； ②设定筛框和螺旋叶片之间的间隙； ③更换耐磨靴
脱水后的浆料太湿	①螺旋转速太快； ②螺旋反压太低； ③压缩空气管道泄漏； ④反压装置工作正常，但气压缸或导轨损坏； ⑤耐磨靴磨损	①减少转速设定值； ②增加反压设定值； ③检查气动管道和连接； ④修理气压缸或导轨； ⑤更换耐磨靴
反压装置经常打开	传动电机过载	减少反压设定值或增加速度设定值或减少扭矩设定值
脱水后的浆料太干	①螺旋反压太高； ②扭矩太高； ③挤压机运行速度太慢	①减少反压设定值； ②减少扭矩设定值； ③增加速度设定值
由于负荷高传动电机跳停	①螺旋反压太高； ②反压装置在电机负荷高时没有释放压力； ③螺旋转速太慢	①减少反压设定值； ②检查反压装置和电机过载控制； ③增加速度设定值
反压装置反应太慢或太快	①压缩空气供应不足； ②压缩空气管道泄漏； ③气压缸故障	①检查压力控制器； ②检查压缩空气管道； ③检查气压缸并进行必要的更换
产量低	①螺旋反压太高； ②耐磨靴出现磨损迹象； ③轴保护板磨损（光滑、光亮）； ④耐磨涂层磨损（可能）； ⑤螺旋转速太慢	①减少反压设定值； ②更换耐磨靴； ③使用粒度为 $60 \sim 80~\mu m$ 的砂轮将轴保护板磨粗到 $10~\mu m$； ④检查并更换耐磨涂层板； ⑤增加速度设定值

续表 2-4

常见故障	产生原因	排除方法
不正常的 噪声和振动	①机罩、箱体松动； ②螺栓松动、丢失； ③螺旋内有异物； ④齿轮箱损坏； ⑤推力轴承或径向轴承磨损； ⑥减震器（选择项）不能正常工作； ⑦螺旋叶片与筛框接触	①紧固松掉的部件； ②拧紧螺栓，装上紧固件； ③清除异物，查找并避免出现的原因； ④修复或更换； ⑤更换轴承； ⑥调节压力或更换橡胶垫； ⑦重新调节螺旋叶片与筛框之间的距离

第五节　搅拌器

>>>

搅拌器如图 2-6 所示。密封水可避免搅拌器内的浆料通过轴与密封件之间的间隙外泄，防止轴与填料产生直接摩擦而出现填料消耗，起润滑降温的作用。日常巡检过程中一定要注重密封水的检查。不要因节约用水而不开或关小密封水。要在保证正常水压的情况下进行调控。

维修更换新部件前要确认是否有新备件。交接班一定要当面口头交接并进行文字记录，无法解决的问题应当及时汇报。

易出现的问题如下：

①压盖、螺栓或其他部件损坏，使压盖无法压紧。

②压盖歪斜，产生间隙。

图 2-6　搅拌器

③填料安装不对、填料尺寸选择低于实际需求尺寸、接头角度不对。

④填料超过使用期，已老化。

⑤填料圈数不足，压盖未压紧。

⑥主轴磨损、弯曲。

上述问题相应的解决方案如下：

①损坏的压盖、螺栓或其他部件应及时修复更换。

②应对正后均匀用力拧紧压盖螺栓。

③按规定安装正确的填料，接头应呈45°对角。

④应及时更换使用期过长、老化的填料。

⑤填料应按规定的圈数安装，压盖应有 5 mm 以上的预紧间隙。

⑥主轴磨损、弯曲后应进行修复、校直，对损坏严重的部件应及时更换。

第六节　振动输送机

>>>

　　振动输送机用于造纸法再造烟叶生产过程中叶丝、叶片、烟梗、梗丝等烟草物料的输送，主要由槽体、机架、平衡体、连杆座、传动组件、摇杆组件、支腿等组成，如图2-7所示。

　　振动输送机工作时，由电机通过皮带轮上的窄 V 带使传动轴转动，之后通过偏心装置使连杆推动平衡体运动，再由平衡体通过摇杆组件带动槽体，形成与平衡体同步反向的近似简谐振动；当槽体的振动加速度达到某值时，物料便在槽体内沿输送方向做连续抛掷运动，从而实现输送物料的目的。当平衡体与槽体做同步反向的近似简谐振动时，通过平衡作用及缓冲块、橡胶棒的吸振吸声作用，基本可消除机架的振动，显著减小设备产生的噪声，从而便于振动输送机在工作过程中平稳运转。

　　使用和操作振动输送机时，应注意以下事项：

　　①调试好后，不宜轻易松动紧固件，不能任意添加其他装置(特别是重大装置)，不能任意接长或缩短槽体长度，不能擅自增减摇杆组件数量或变更其他装置的位置。

　　②不允许振动输送机带病运行，有故障应及时排除。

　　③每班运行完毕后，应及时清理残留在槽体内及插在筛网孔上的物料。

图 2-7 振动输送机

振动输送机的维护与保养要点如下：

①应有定期的检查和维修保养制度，按表 2-5 的要求定期加润滑脂；检查窄 V 带的松紧，使之在工作中处于适当的张紧状态；检查摇杆组件及连杆座上的紧固件是否松动；及时更换老化和磨损的橡胶件及损坏的零件；至少每星期清扫一次槽体，严禁带有腐蚀性的液体接触槽体。

②维修应以预防为主，更换的零部件其材质、尺寸不得改动或代用。故障排除后应经调试后方可继续运转。

③如长期停放不用，应将振动输送机清洗干净、擦干、加足润滑脂，在可能出现锈蚀的地方加上防锈油，最后用塑料薄膜封盖好。

④橡胶缓冲块及橡胶棒为易损件，应定期检查，如发现损坏或老化应及时更换，否则将导致噪声增大、压板断裂、螺杆断裂、紧定轴磨损断裂、平衡体主梁断裂等严重后果。

振动输送机常见故障、产生原因及排除方法如表 2-5 所示。

表 2-5　振动输送机常见故障、产生原因及排除方法

常见故障	产生原因	排除方法
①电机温升过高，不能正常工作； ②电机不转，有"嗡嗡"声	一相断路(即缺相)	接通电路
①电机稍转即停； ②电机不能正常运转	负载过大	卸载后起动或更换较大功率的电机
电机转动正常而槽体不动或振动不平稳	窄 V 带松弛或断裂	调整窄 V 带的松紧或更换窄 V 带
电机外壳烫手，有焦味	电机本身存在故障或超负载运转	更换电机
①输送机不能正常工作； ②前后、左右摆动量大	地脚螺钉有松动	调整地脚螺钉并拧紧
物料跑偏	槽体向一边倾斜或槽底板局部不平整	调整支架高度使槽体水平
①振动输送机运行时有异响； ②物料输送速度慢	①零件间有摩擦或连杆松动； ②缓冲块磨损	①消除摩擦，调整连杆并拧紧； ②更换缓冲块，加大偏心距或加大小皮带轮直径
气动门关闭不严、有响声或开启不到位	气缸活塞的顶紧力不足	调节过滤调压阀，增大气缸活塞的顶紧力
气动门不能开到 90°	气缸活塞两端点接近开关位置	调整气缸活塞两端点与开关的位置
气动门开闭时有较大撞击声	活塞运动速度过快，缺乏缓冲	调节节流阀或调节过滤调压阀，使活塞运动速度放慢
①驱动连杆大端过热； ②偏心套部位发热	轴承润滑不良	给轴承加润滑脂

第七节 旋风式除尘器

>>>

案例: 笔者某次在原料区域巡查时,忽然发现头顶上方下起"烟末雨",抬头一看,是旋风式除尘器破了一个窟窿。原料投料工作必须立刻停止!这是因为破了个窟窿的旋风式除尘器的负压管道没有了风力,所以烟末随着风向从窟窿中泄露到地面,附近正好有焊接作业,而原料区域堆满烟草,焊接工作的火星飞溅,极易引起火灾。针对这个问题,笔者想到一个土方法,就是用快干胶将一块薄铁皮补了上去。

事后,笔者查找到旋风式除尘器的资料,发现壳体易磨损是它的缺点。如果在平时的工作中,维修工能够及时检测、更换壳体,就不会出现设备损坏的故障。所以,对于维修工而言,每一个设备都很重要,小到一个螺栓,大到一套系统,都要引起重视。

旋风式除尘器(图2-8)所输送的再造烟叶原料是由各类烟叶末料混合制成。各类烟叶末料投入振动筛后被混合风送,风送后形成气固二相气流进入旋风式除尘器。旋风式除尘器利用离心力将烟叶末料中的粉尘颗粒从气流中分离出来并捕集于器壁,再借助重力作用使粉尘颗粒落入灰斗。旋风式除尘器常被当作捕集器广泛用于造纸法再造烟叶的气体净化设备,或作为除尘风网使用,具有体积小、使用方便、集料或集尘效率高等优点。

图2-8 旋风式除尘器

造成旋风式除尘器关键部位磨损的主要因素有负荷、气流速度、粉尘颗粒等，磨损的部位有壳体、圆锥体和排尘口等。

防止磨损的技术措施如下：

①防止排尘口堵塞。主要措施是选择好的卸灰阀，使用中加强对卸灰阀的调整和检修。

②防止过多的气体倒流入排尘口。使用的卸灰阀要严密，配重要得当。

③经常检查旋风式除尘器有无因磨损而漏气的现象，以便及时采取措施予以杜绝。

④在粉尘颗粒冲击部位，使用可以更换的抗磨板或增加耐磨层。

⑤尽量减少焊缝和接头，必须有的焊缝应磨平，确保法兰止口及垫片的内径相同且保持良好的对中性。

⑥旋风式除尘器壁面处的气流切向速度和入口处的气流速度应保持在临界范围以内。

旋风式除尘器的堵塞和积灰主要发生在排尘口附近，其次发生在进、排气口，具体产生原因及预防措施如下：

①排尘口堵塞原因及预防措施。引起排尘口堵塞通常有两个原因：一是大块物料或杂物(木头、塑料袋、手套、破布等)滞留在排尘口，之后粉尘在其周围聚积；二是灰斗内灰尘堆积过多，未能及时排出。预防排尘口堵塞的措施：在吸气口增加一栅网；在排尘口上部增加手掏孔(孔盖加垫片并涂密封膏)。

②进排气口堵塞原因及预防措施。进排气口堵塞现象多是设计不当造成的，进排气口略有粗糙直角、斜角等就会形成粉尘的黏附、加厚，直至堵塞。

旋风式除尘器常见故障、原因分析及排除方法如表2-6所示。

表2-6　旋风式除尘器常见故障、产生原因及排除方法

常见故障	产生原因	排除方法
壳体纵向磨损	①壳体过度弯曲而不圆，造成凸块； ②内部焊缝未打磨光滑； ③焊接金属和基底金属硬度差异较大，邻近焊接处的金属因退火而软于基底金属	①矫正消除凸块； ②打磨光滑，且和壳体内壁表面一样光滑； ③尽量减小硬度差异

续表 2-6

常见故障	产生原因	排除方法
壳体横向磨损	①壳体连接处的内表面不光滑或不同心; ②不同金属的硬度差异	①处理连接处内表面,保持光滑或同心度; ②减少硬度差异
圆锥体下部和排尘口磨损,排尘不良	①倒流入灰斗的气体增至临界点; ②排尘口堵塞或灰斗中粉尘装得太满	①对于单筒器,应防止气体流入灰斗;对于多管器,应减少气体再循环次数; ②疏通堵塞,防止灰斗中粉尘沉积到排尘口高度
气体入口磨损	①入口连接处的内表面不光滑或不同心; ②不同金属的硬度差异	①处理连接处内表面,保持光滑或同心度; ②减少硬度差异
壁面积灰严重	①壁面表面不光滑; ②微细粉尘颗粒含量过多; ③气体中水汽冷凝,出现结露或结块	①处理内表面; ②定期导入含粗粒子气体以清理壁面,定期将大气或压缩空气引入灰斗,使气体在灰斗中倒流一段时间以清理壁面,保持切向速度在 15 m/s 以上; ③隔热保温或对器壁加热
排尘口堵塞	①大块物料式杂物进入; ②灰斗中粉尘堆积过多	①及时检查、消除; ②采用人工或机械方法保持排尘口清洁,以使排灰畅通
排气烟色恶化而压差增大	①含尘气体性状变化或温度降低; ②停止时粉尘未置换彻底,造成筒体粉尘堆积	①提高温度,改善气体性质; ②消除积灰

续表 2-6

常见故障	产生原因	排除方法
排气烟色恶化而压差减小	①内筒被粉尘磨损而穿孔，使气体发生旁路； ②上部管道与内筒密封件气密性恶化； ③外筒被粉尘磨损，或焊接不良使外筒磨损穿孔； ④多管除尘器的下部管道与外筒密封件气密性恶化； ⑤灰斗下端或法兰处气密性不良，有空气由该处进入； ⑥卸灰阀不严，有漏风现象	①修补穿孔； ②调整式更换密封件； ③修补； ④调整或更换盘根； ⑤检查并处理，保持气密性； ⑥检修或更换卸灰阀

第八节　纸浆泵

>>>

再造烟叶生产中常常使用的纸浆泵是叶片式泵的一种。

纸浆泵是靠叶轮旋转时产生离心力来输送液体的泵，也叫作离心泵，如图 2-9 所示。

纸浆泵工作前，吸入系统和泵内首先要充满液体。叶轮旋转时，叶轮内的液体随之旋转，并获得能量，最后从叶轮内甩出。叶轮内甩出的液体经过泵壳流道、扩散管再从排出管排出。与此同时，叶轮内形成真空，液体通常在大气压力的作用下，经过吸入系统进入叶轮。因为叶轮是连续而均匀地旋转，所以液体也是连续而均匀地被吸入和甩出。

从上述工作原理可知，纸浆泵工作时泵内严禁有气体存在。因为气体较轻，旋转时产生的离心力很小，叶轮内不能达到所需的真空度，就无法将较重的液体吸入泵中。因此在开泵前必须使吸入系统和泵内充满液体，泵工作时吸入系统也不能漏气。这是纸浆泵正常工作所必须具备的条件。

纸浆泵的结构特点：

①用弹性联轴器直接与驱动电机连接，并装在铸铁底盘上。

图 2-9　纸浆泵

　　②泵体、轴承座等为灰铸铁件，齿轮用碳素钢材制造，亦可依据用户需求用铜材或不锈钢材料制造。

　　③纸浆泵内装有控制阀，当泵或排出管道出现故障或误将排出阀阀门全部关闭而产生高压或高压冲击时，稳定阀会自动打开，卸除部分或全部的高压液体并使其回到低压腔，从而对泵及排出管道起到维护作用。

　　④纸浆泵是卧式回转泵，主要由泵体、轴承、齿轮、轴承座、控制阀及密封安装机件等组成。

　　⑤轴承座上有填料函，起轴向密封作用。采用机械密封安装，轴承采用单列向心球轴承。

第三章

抄造设备

造纸法再造烟叶生产采用了与造纸工业相似的工艺和设备：布浆器导入浆料，使浆料沿造纸机横向并尽可能地均匀分布；整流装置产生适当规模和强度的湍流，能有效地分散纤维，防止絮凝，使上网的浆料分布均匀，并保持浆料纤维的无定向排列；上网装置控制浆料上网的速度，使之适应造纸机速度的变化和工艺要求，并以最适当的角度喷射到最合适的位置；依次利用真空、压榨方式脱水，使基片符合涂布工序要求。

第一节　流浆箱
>>>

流浆箱(图3-1)是造纸法再造烟叶生产制造过程中重要设备。

流浆箱主要分为敞开式流浆箱、气垫式流浆箱和水力式流浆箱。

造纸法再造烟叶所用的流浆箱，由原来的敞开式流浆箱发展为现在的气垫式流浆箱。

敞开式流浆箱在早期比较常见，箱体上部没有密封，直接与大气相通，纸浆上网浆速由液位高度决定，宜用于工作车速为 150~180 m/min 的造纸机。

气垫式流浆箱可以看作一个密封的箱体，液面维持在一个合适的高度，通过调节气垫压力来满足造纸机工作车速的变化要求，宜用于工作车速为 180~450 m/min 的造纸机。

　　水力式流浆箱不使用匀浆辊，多用于夹网造纸机，也有用于长网造纸机的，再造烟叶生产主要使用长网造纸机。

(a)实物图

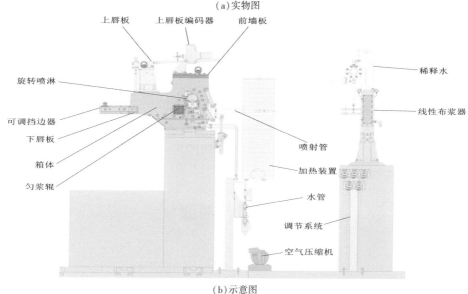

(b)示意图

图 3-1　流浆箱

流浆箱的维护与保养要点如下：

①流浆箱在停机时必须清洗。若短暂停车，不要关闭喷淋水管，让水清洗箱体，并用软布擦拭喷浆唇唇口。若较长时间停车，要把喷浆唇唇口开至最大，用软布蘸清洁剂擦洗，并打开箱体，用高压水清洗箱体内壁。

②精心保护喷浆唇。垂直小唇板要定期检查，其横幅调节杆上下移动不可超过 0.5 mm。不能对横幅调节杆施加任何压力，以免引起喷浆唇唇口变形。如唇板有损伤且不可矫正，则必须及时更换。下唇板平面必须保持平整，绝不能碰击，刃口不能有任何划伤，如有污渍须及时清洗。调节喷浆唇唇口开度在 2 mm 以上，以防止上、下唇口受压变形。保护好上唇板调节装置，不允许踏在上面，以免损伤喷浆唇唇口。微调器要盖好，防止水洒在上面引起锈蚀。

③流浆箱内表面注意保持光洁，不能用金属等硬物去刮，必须采用软塑料刷子或海绵去刷。可以用碱性清洁剂，不可以用硫酸、盐酸等酸性清洁剂，以免造成腐蚀。

④经常检查喷水管喷嘴通畅情况，如有堵塞须及时更换，以免造成喷淋不均，影响横幅定量。

⑤严防异物进入箱体内，以免影响匀浆辊的运转和喷浆唇的清洁。如产生异常噪声或振动，务必立即停机检修。拆装匀浆辊时，须用旧毛毯铺在被拆的匀浆辊的下面，严防匀浆辊表面擦伤和变形。

⑥经常检查气路系统是否保持清洁、稳定、通畅，注意防止流浆箱内空气泄漏。注意定期给匀浆辊轴承减速器、上唇板起落装置、移动升降支座等加油。

第二节　网部

网部是再造烟叶基片的成型部，是一张较长的成型网，如图 3-2 所示。其分为金属网与塑料网两大类。金属网是铜网和不锈钢网。塑料网主要是聚酯网，具有耐蚀、耐磨、寿命长等优点。再造烟叶生产选用的是聚酯网。

网部具有过滤浆料的功能，在留住浆料纤维的同时依靠重力和抽吸力使水排离。在这个过程中，纤维相互交织，形成一层薄薄的纸基页。

图 3-2　网部

网部的维护与保养要点如下：

①网部各元件必须精确排成一线并保持高度一致，紧固好，张紧辊和自动张紧装置不能弹起。

②防止纤维积聚形成浆块落入网部内侧；保证刮刀处于良好状态。

③检查网的轨迹、校正、张紧负荷及滑移。

④检查喷淋水管是否堵塞。

⑤检查成型板、真空吸水箱和案板是否有划痕和毛刺。

⑥做好网部各辊轴承的润滑工作。

第三节　压榨部

烟草浆料悬浮液在网部脱去大部分水分，初步形成湿纸幅。离开造纸机网部的湿纸幅通常含有 80% 左右的水分，强度不高。若将其直接送到干燥部干燥，不仅会消耗大量蒸汽，而且由于湿纸幅强度差，容易在干燥部断头。此外，直接干燥而成的纸页结构疏松，表面粗糙，强度较差。因此在实际生产时，网部形成的湿纸幅需要经过压榨部的机械压榨，才能送到干燥部干燥。

压榨部是造纸生产过程中的一个基本单元，通过两个压榨辊或者压榨辊和靴板的机械挤压作用而脱出湿纸幅中的水分。压区脱出的水分被转移到压榨毛毯中或者辊子表面的孔隙中。

压榨是造纸生产过程中的重要环节，其直接影响生产的经济性和产品质量，良好的经济性依靠较低的建设投资和生产成本来实现。在压榨部可以通过以下措施降低生产成本：

（1）提高压榨纸页干度。

（2）确保湿纸幅到达干燥部。

通过压榨部的半产品的质量受以下因素影响：

（1）压榨过程中湿纸幅的可压缩性；

（2）纸页厚度方向的密度分布；

（3）压榨辊、毛毯与湿纸幅的表面接触情况。

靴式压辊如图 3-3 所示，宽压区压榨装置如图 3-4 所示，靴式压榨示意图如图 3-5 所示。

图 3-3　靴式压辊

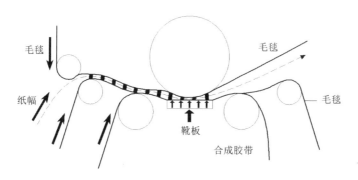

图 3-4　宽压区压榨装置

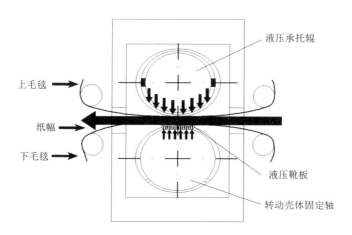

图 3-5　靴式压榨示意图

随着造纸法再造烟叶设备的发展，笔者所在公司是国内第一家实现提升造纸机工作车速并采用靴式压榨的企业，该企业的压榨部脱水效果较好。

靴式压榨的应用大大改善了生产再造烟叶的造纸机在提高运行速度条件下的脱水性能。

靴式压榨是将辊式压榨的瞬时动态脱水改为静压下长时间在宽压区脱水的方法，是一种宽压区压榨。

与传统压榨相比，靴式压榨的压区为传统压区的数倍。由于该特性，在相同的造纸机工作车速条件下，纸页在靴形压区的停留时间为传统压区的数倍，同时靴式压榨可以获得较高的线压力，远高于传统的辊压线压力。因此，靴式压榨有助于提高纸页脱水效率，有利于纸幅的固化，使纸幅在干燥之前获得更好的强度，从而使压榨部获得更好的运行性能；此外，纸幅中含水量减少，可大幅减少蒸汽消耗。

靴式压榨主要由靴辊、背压辊、载荷锁紧及辅助元件组成。

其中靴辊主要由靴板、旋转头、横梁、轴承座等组成。靴辊外部套装的软性材料，称为靴套。

靴辊的辊芯是静止而非旋转的，整个靴辊本身没有驱动装置。安装在靴辊外部的软性材料——靴套才是旋转部件，它是通过压板安装在辊芯的特制轴承上的。靴板是靴式压榨的核心部分，它的一端连接着特制的液压油缸，它们一起被固定在靴辊内部的横梁上，在油缸的作用下靴板向背压辊施加压力。液压油通过靴板上特制的油孔被注入位于靴板与靴套之间的凹槽内。

由于这些凹槽的设计非常独特，靴板和靴套之间形成一层高压油膜，高压油膜在静力学和流体动力学的作用下，起到支撑、润滑、冷却靴板和靴套的作用。这种流体润滑状态可以使装置处于功率消耗低、磨损极其轻微的状态，因此显著延长了靴套的使用寿命，同时减少了能耗。

靴套主要由聚酰胺和聚亚胺酯组成。聚酰胺具有较好的抗碱性能，但抗酸性能一般，而聚亚胺酯在一定温度下具有较好的抗酸碱性能。

为进一步提高脱水效率，靴套表面一般都会设计沟纹形状。按沟纹形状的不同，靴套可分为 U 形沟纹和梯形沟纹。靴套是易损件，只要有一个微小的洞眼，对它来说都是致命的。

通常造成靴套提前下机主要有以下几个原因：

①硬物进入靴套造成破损。

②靴套材料因不断弯曲而龟裂。

③内部或外界进入的小毛刺卡在靴套上导致分层。

④异常原因造成的严重磨损。

⑤靴套自身的原因。

靴式压榨的加压是缓慢且均衡的，即使生产高克重纸时，也不会出现压溃现象。由于纸页全幅被均衡压缩，因此脱水速度变化不大，纸芯也不会出现松散层。与辊式压榨相比，经靴式压榨的纸面干度明显较高，而且松厚度较高，毛毯纹较浅。

实践证明，靴式压榨技术是目前运用于造纸法再造烟叶生产最先进的脱水技术，它在改变纵向压力及独立调节压区宽度、线压方面具有巨大优势。

第四节 烘缸

　　烘缸是用铸铁浇铸成的两端有盖的圆筒体，主要由圆柱筒体、端盖、进汽头、进汽管和排水吸管等组成，如图3-6所示。由于烘缸要承受一定的蒸汽张力，烘缸的轴部是中空的，传动轴的内部通有蒸汽管和冷凝水排出管。

图3-6 烘缸

　　为保持烘缸表面的清洁，并防止纸页断裂时烘缸缠纸，通常在烘缸上装有刮刀，刮刀能摆动，可防止刮刀对烘缸表面的局部磨损而造成闭合不严密或存在缝隙，影响走纸。要经常检查烘缸，若出现磨损情况要及时调整或更换刮刀。要防止纸屑被刮刀漏刮而黏附到纸上。要避免局部摩擦起火。

　　一般情况下烘缸内易出现粘缸，主要是气压高、温度过高或浆内淀粉熬制得不好。解决办法是提高纸浆的洁净程度，还可以加一些阴离子垃圾捕捉剂，抑制黏合剂的量。

　　烘缸常遇到的故障如下：

　　①烘缸温度不均。有可能是回水管损坏导致烘缸内部水过多，可以通过拆

卸烘缸端盖上的放水口螺丝将水放掉。如果没有效果，则需更换回水管，或者检查回水管路和疏水阀是否堵塞。

②烘缸端盖漏水。须更换石棉垫板，也可以采用环氧树脂黏合剂或金属填补胶 J-611 进行修补堵漏。

③烘缸进汽头漏汽。应及时检查和更换填料。

第五节　涂布设备

>>>

造纸法再造烟叶行业中所使用的涂布设备通常是采用造纸行业中的涂布机，如图 3-7 所示。涂布机内有两根涂布辊，两辊相对旋转运动，两辊之间类似楔形的间隙里盛放着涂布液，从造纸机传输过来的再造烟叶基片进入涂布液并从中穿过，完成涂布过程。

图 3-7　涂布设备（涂布机）

涂布设备保养维修的事项如下：

①在进行拆卸保养维修工作时，维修人员最好不要佩戴饰品，上衣口袋严

禁装有物品,防止掉入设备发生事故。

②在涂布设备进行保养维修工作之前,必须先切断电源,不得带电操作。

③不允许随便拆卸检查、调整涂布机上任何零件,除非操作人员对设备性能有足够的了解。

④除非有其他人员在旁边协助,否则不要单独对涂布设备进行拆装与维修。如出现机械损坏或人员受伤等意外情况,协助人员须立刻给予帮助或急救。

⑤只有经考核合格的人员才可以对涂布设备进行维修保养工作。

⑥在任何情况下,不允许随意触碰可能暴露于外界的电线接头或其他有电线连接且未松脱的元器件。

⑦拆卸或移动涂布机上的保护装置或更换元器件之前,必须先切断电源。

第四章
分切包装设备

再造烟叶分切包装设备包括切纸机(碎片机)、烘丝机、打包机。分切包装是整个再造烟叶生产的最后工序,标志着整个生产的完成;也是接受品质检查监督的重要环节,可以获知产品的最终质量。再造烟叶成品的外观、水分等各项物理化学指标均要在这个环节进行检测,所以分切包装环节不可忽视。

第一节　切纸机

>>>

切纸机用于造纸法再造烟叶生产线。从上一工序输送来的整张烟草薄片通过导辊被送入切纸机内,切纸机内的打辊上的动刀做旋转运动,并与定刀相互作用,将整张烟草薄片切成菱形叶片。切好后的再造烟叶受重力作用下落至输送机。

切纸机主要由机架、打辊、定动刀组合、机门、密封盖板、维修盖板等组成,如图4-1所示。机架是支承打辊的主体,主要由板材组装而成。打辊安装在机架上,动刀安装在打辊上,定刀安装在定刀座上,打辊和定动刀组合将输入的成型再造烟叶切成所需要的形状。机门和密封盖板主要由不锈钢板材组成,其作用是对切纸机进行密封,保证操作人员的安全和防止物料向外飞出。维修盖板在切纸机清洁、检修时打开,由厚度为1 cm以上的钢板制成,呈弧状,在打开前必须对切纸机断电,且待其停止转动。维修盖板的运行机构气动

图 4-1　切纸机

总成Ⅰ、气动总成Ⅱ主要由立柱、气刀、气刀安装板等组成，主要作用是使从上一工序输送来的再造烟叶自动进入分切机内，以便再造烟叶分切。

气动系统主要由开关阀、减压阀、过滤减压阀、旋转手柄阀、气缸等组成。

第二节　烘丝机

在再造烟叶生产线中，烘丝机对切片后的烟叶薄片进行高温快速烘干，使烟叶薄片的蓬松状态固定下来，以提高烟叶薄片的填充率，并达到要求的含水率；同时去除烟丝中的青杂气味和游离碱，使烟叶薄片香气显露，烟味更为醇和。该设备具有结构合理、造型美观、操作便捷、安全可靠、可实现精细化控制，以及使烟叶薄片的水分均匀等优点，如图 4-2 所示。

烘丝机常见机械故障如下。

图 4-2 烘丝机

(1)出料口有大量蒸汽逸出

烘丝机出料时烟丝水分及温度过高，并伴随有大量蒸汽从烘丝机出料口逸出，时有黑水流出，在调整风门开度时，故障现象无明显改变。烟丝在烘筒内经加热后，蒸发出的水分须经排潮系统排走才能达到干燥的目的。当烘丝机出料烟丝水分偏大时，水分控制系统会提高烘筒的蒸汽压力以提高烘筒内的干燥温度，但由于蒸发出的水分未排走，无法达到干燥的目的；同时干燥温度提高，造成烟丝温度升高，最后出现了烘丝机出料时烟丝水分及温度过高的现象。蒸发出的水分不能排走，只能从烘丝机出料口逸出，一部分蒸汽在烘筒后室内壁和筛网筒上结露并与烟末灰尘等混合成黑水流出。

(2)烘丝机筒体温度失控

烘丝机出料时烟丝水分偏差过大，不能达到工艺要求，调整蒸汽压力时烘丝机出料口含水率变化不大。在蒸汽压力供给正常的情况下，烘丝机出料时烟丝水分的控制是通过调整进入烘筒的蒸汽压力来实现的，若烟丝水分偏差过大而调整蒸汽压力后烘丝机出料口烟丝水分变化却不大，则说明调整后的实际蒸汽压力或进入烘丝机筒体薄板内的蒸汽压力并没有什么变动,即蒸汽压力已经失控。

烘丝机常见机械故障的解决办法如下。

(1)网筒堵塞

①后室筛网筒堵塞。应检查筛网筒的清扫喷吹管眼是否堵塞或清扫喷吹管是否变形移位。如属于筛网筒的清扫喷吹管眼堵塞,则拆下筛网筒网筛,对清扫喷吹管眼进行清洁疏通。如属于筛网筒的清扫喷吹管变形移位,无法清扫喷吹筛网筒,则对清扫喷吹管重新校正、调整位置即可。对于筛网筒已经堵塞的,要拆下彻底清扫干净后重新装配使用。

②除尘风管漏风和堵塞。应从烘丝机排尘口开始检查,一直到除尘器进气口。对于漏风现象,如属于法兰密封垫漏风,应进行更换,并可在密封垫两侧涂抹密封胶以提高其密封性;如属于风管破损,必须重新更换风管。对于管道堵塞,可先使用木制手槌敲打风管使管道内的堵塞物松动,并在风机的抽吸作用下自然疏通;如堵塞严重,须将风管拆下疏通后再装配。

③除尘器故障。首先打开排灰斗上的检查窗,检查排灰斗内是否因堆满灰尘而产生堵塞,如有堵塞,使用木制手槌敲打排灰斗,将灰尘震落并由排灰阀排出即可。然后检查电磁脉冲阀工作是否正常、脉冲间隔是否合适,根据不同情况做相应处理。最后检查滤袋是否有糊死现象,如出现这类现象,可进行更换或清洗干净并晾干后重新使用。

(2)蒸汽管路故障

在蒸汽供给正常的前提下,可能是蒸汽管路疏水阀排水不畅,从而造成烘丝机筒体薄板内冷凝水无法排出并使薄板温度下降。观察阀后冷凝水的排放情况即可判断蒸汽管路疏水阀排水是否畅通。造成蒸汽管路疏水阀排水不畅的原因有疏水阀前过滤器过滤网堵塞或疏水阀后背压过大,以及疏水阀损坏。可根据情况分别进行清洗过滤器、减小疏水阀后背压或更换损坏疏水阀的处理。

(3)气动调节故障

①气动薄膜调节阀故障。应检查气动薄膜调节阀的开启动作是否正常。如在压缩空气供气正常的情况下,气动薄膜调节阀不动作或开启不到位,则可能是阀杆变形,可采取校正修复,无法校正修复的应更换;上下膜头结合处出现漏气、窜气现象,则更换密封垫或涂密封胶;气动膜片破损,则应更换气动膜片。

②气动薄膜调节阀压缩空气供气故障。在压缩空气来源正常的情况下，可能会出现空气过滤减压阀故障。检查滤芯是否被脏物堵塞，如堵塞可将滤芯清洗干净后继续使用；检查阀内的气道是否有堵塞现象，如有堵塞，将脏物清理干净即可；检查阀内的弹簧是否断裂，如已损坏，重新更换组装。

烘丝机常见故障都可以通过定期保养、定期巡检得到解决，应该按保养周期对筛网筒进行清洁保养，每日生产前对除尘器进行巡检。定期检查和清洗蒸汽管路、气动薄膜调节阀、空气过滤减压阀等元器件。烘丝机旋转接头窜气同样会引起筒温异常，维修时应考虑这一点。

第三节　液压打包机

液压打包机如图4-3所示。打包机分为预压机和复压机两部分。

图4-3　液压打包机

预压机开机以后，首先进行初始化。分配器退回到初始位置，压头回到上位，活动料箱回上位且下端收缩，等待空纸箱的送入。空纸箱送入到位后，双向输送带停止运转，料箱下降且下端插入空纸箱中。静态称重系统将称架顶起，称出包装箱皮重。料箱到达下位后下端扩展，等待喂料。此时双向喂料机向一侧料箱喂料，同时该侧的分配器推出并开始摆动布料。

当双向输送带一侧料箱内的再造烟叶质量达到规定值时，该侧的布料机构停止布料，并退回到料斗边缘处，双向输送带的电动机立即反转，此时双向喂料机向另一侧料箱喂料，同时另一侧的分配器推出并开始摆动布料。

双向喂料机停止喂料后，其液压杆压头开始下压。该下压过程可分为四个阶段。

第一阶段，压头下压的初始阶段。此时，由于压头活塞杆、导向杆等质量增加，而开始行程是空行程，没有再造烟叶的阻力，压头开始接触再造烟叶。又由于再造烟叶很松散、阻力小，压头完全是靠自重下压，液压缸上腔形成负压。这个阶段称为自由下落阶段。

第二阶段，由于再造烟叶被压缩后，压头下行阻力不断增大，当这种阻力等于或大于压头和活塞的质量时，液压缸上腔转为正压。此时压头依靠压力油来推动活塞继续下行。由于此时压力较小，液压泵站向液压缸提供最大流量的液压油，下压的速度较快。这个阶段称为快压阶段。

第三阶段，当液压为 10 MPa 时，压力逐渐加大，此时采用较慢的速度下压。这个阶段称为慢压阶段。

第四阶段，当压头压到规定尺寸后，压头要停留一段时间，以防止再造烟叶回弹量过大。这个阶段称为保压阶段。

当压头压到位开始保压时，活动料箱开始上升。当活动料箱上升到超出包装箱一定尺寸后停止运行，待压头保压结束后开始上升。压头上升过程可分为三个阶段。

第一阶段，压头刚开始与再造烟叶分离，为了保证压头和再造烟叶的平稳分离，压头保持慢速上升状态。

第二阶段，压头上升约 20 mm（可调）时进入第二阶段。这是快速上升阶段。

第三阶段，压头快要到达上终点前的 150 mm 左右直至上终点，为第三阶段。这是慢速上升阶段。

压头慢速上升结束后(压头距离包装箱 200 mm)，活动料箱再次上升并到位，承压输送机开始运转，将填满再造烟叶的纸箱送出，同时将空纸箱送入。

　　以上动作不断重复交替，形成连续生产。

　　预压机常见故障、产生原因及排除方法如表 4-1 所示，复压机(图 4-4)常见故障、产生原因与排除方法如表 4-2 所示。

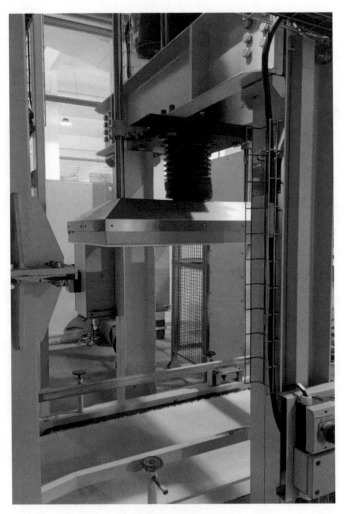

图 4-4　复压机

表 4-1 预压机常见故障、产生原因及排除方法

常见故障	产生故障	排除方法
压头不能上升	①主缸油泵压力不足; ②双向喂料机不在安全位(安全位即最左侧位),称架不在下位(称架下位检测开关没有亮); ③手动操作时,套箱不在下位或中位; ④电磁铁 11DT 或 12DT 未动作	①逐步调整压力,使压头上升; ②将双向喂料机返回到安全位,将称架下降到下位; ③为防止压头上升时打坏套箱或包装箱定位机构,要求手动操作,将套箱移至下位或中位; ④检查电磁铁 11DT 或 12DT,使其动作符合电磁铁动作的要求
压头不能下降	①双向喂料机不在安全位; ②称架不在下位(下位接近开关处); ③电磁铁 10DT 或 13DT 未动作	①将双向喂料机返回到安全位; ②调整称架或接近开关位置,打开称架下位接近开关; ③检查电磁铁 10DT 或 13DT,使其动作符合电磁铁动作的要求
料箱不能上升	①双向喂料机不在安全位; ②电磁铁 11DT 或 15DT 未动作,上升油压不足	①将双向喂料机返回到安全位; ②检查电磁铁 11DT 或 15DT,使其动作符合电磁铁动作的要求
料箱不能下降	①电磁铁 16DT 未动作; ②料箱机械卡死	①检查电磁铁 16DT,使其动作符合电磁铁动作的要求; ②检查料箱机械滑动机构,排除故障
主油箱压头不能悬停在上位	①插件密封不严; ②油箱活塞密封不严	①更换插件,或更换电磁球阀; ②更换主油缸密封件

表4-2　复压机常见故障、产生原因与排除方法

常见故障	产生原因	排除方法
包装箱复压后，不能送入下一工段	①复压头没有上升到位； ②复压头操作柜及后面轨道控制开关上的"自动""手动"转换开关处于"手动"方式； ③复压头后一轨道光电开关失效； ④电机过载跳闸	①将复压头上升到位； ②设为"自动"方式； ③调整处理光电开关； ④合上空气开关
捆扎机不能正常打带	①打包带到位信号没有给出； ②收紧轮间隙过大或送带轨道内有断带阻塞； ③送带轮间隙过大或送带轨道有断带阻塞； ④打带过程中光电开关失效	①调整带槽及打包带到位开关； ②调整收紧轮间隙，清除断带； ③调整送带轮间隙，清除断带； ④调整处理光电开关

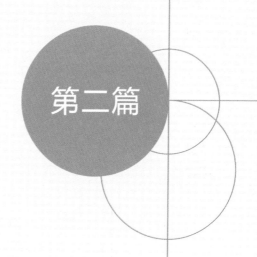

第二篇

稠浆法再造烟叶设备

稠浆法再造烟叶的工艺被形象地称为"摊鸡蛋饼"。它是将烟末、烟梗等原料粉碎后掺入含有黏合剂、增强剂、保润剂和水的溶液中,搅拌均匀成浆状物,均匀地铺在一条金属钢带上进行烘干,剥离后制成再造烟叶的一种方法。稠浆法再造烟叶的强度、单位体积的质量、填充性、生成焦油量及生产成本都介于造纸法和辊压法之间。

目前在欧美地区,稠浆法再造烟叶大多与造纸法并用于生产雪茄的内外包皮。随着加热不燃烧卷烟的兴起,菲莫公司的IQOS烟支也采用了稠浆法再造烟叶工艺生产烟丝束。

我国对稠浆法再造烟叶的研究,主要集中在传统卷烟的应用上,如黏合剂及工艺改进方面;在加热不燃烧卷烟中的应用较少,还处于起步阶段。

第五章
原料粉碎设备

在原料粉碎工段，烟末、烟梗、烟片等烟草原料被投入输送装置，通过粗粉碎和微粉碎两级粉碎后，再经过原料预处理设备、原料粉碎设备、低温磨粉设备处理，最终得到符合稠浆法再造烟叶工艺要求的烟粉。稠浆法再造烟叶原料粉碎工段的主要设备有原料预处理设备、原料粉碎设备和低温磨粉设备。

①原料预处理设备有喂料机、粗粉碎机、旋风落料器、关风机、振动输送器、除铁器、烘干筒、螺旋输送器、水洗式除尘器、风机、风送除尘管路等，主要实现原料的粗粉碎及干燥处理。

②原料粉碎设备有振动输送器、除铁器、微粉碎机、旋风落料器、关风机、粉料均质仓、正反向螺旋输送器、水洗式除尘器、风机、风送除尘管路等，主要实现物料的超微粉碎、粉料的均质混合、存储、除尘等。

③低温磨粉设备主要有冷风交替式强制循环冷却系统、液氮添加装置等，主要实现物料的低温粉碎，最大限度地保留烟草本香。

第一节　粗粉碎机

＞＞＞

粗粉碎机是对低到中等硬度、较大物料的前期破碎处理的设备，破碎后的物料能满足下一工序对物料的要求。经过前期破碎后的物料进入粗粉碎机，粗粉碎机进行剪切破碎工作。物料从粗粉碎机的进料口进入破碎腔后，随主轴一起旋转，主轴每旋转一周就进行 6 次剪切，当被粉碎物料的尺寸小于筛板孔径时，就通过筛眼落入出料槽并被排出机外，大于筛孔的被粉碎物料则附于滚刀架，并与滚刀一起旋转，重新受到剪切，直至其尺寸小于筛板孔径、排出机外为止。

粗粉碎机主要由进料箱、机架、主轴、滚刀架、滚刀、定刀、筛板、出料槽、传动装置及电机等组成，如图5-1所示。

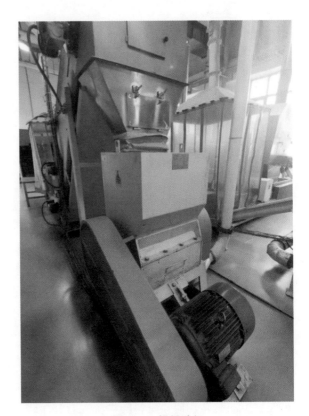

图5-1　粗粉碎机

粗粉碎机的使用与维护注意事项如下：

①使用前首先检查电机有无受潮现象。若电机受潮，应按电机干燥方法进行处理。

②开机前应严格检查连接件有无松动，转动件是否灵活。注意调整滚刀与定刀的间距，主轴旋转方向必须正确。

③要求被粉碎物料中不能含有金属或石块等杂质，否则将会造成机器的严重损坏。

④应定期检查三角带的张紧度，并予以正确调整，防止皮带轮打滑，降低生产效率。

⑤应每三个月对轴承加润滑脂。当轴承磨损加剧时，机器的运行噪声将明显增大，此时应及时更换轴承，加足润滑脂。

⑥粗粉碎机工作场地应保持干燥、清洁。机器使用后应及时清理杂物，电机进风罩不能被尘土、纤维等杂质堵住。

⑦机器在运行过程中如发现有异常响声，应立即停机进行检查。在故障未清除前，切勿启动运行。

第二节　微粉碎机

目前，微粉碎机已成为新型再造烟叶生产中不可或缺的一部分，如图5-2所示。它具有高效、节能、环保的特点，为生产带来了极大的便利。然而，就像任何机器一样，微粉碎机也需要定期维护和维修，以确保其长期稳定地运行。

案例：维修师傅小李凭借着对微粉碎机的结构、工作原理以及常见故障维修方法的深入了解，尝试修复一台微粉碎机，不料却出现了意外。

某天，他在对微粉碎机进行日常巡查时，发现设备在运行过程中存在一些轻微的异响，他心想："该不会又是锤头和衬板磨损了吧？看来要开

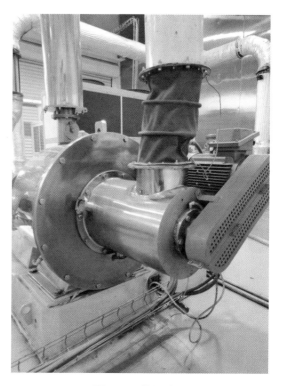

图5-2　微粉碎机

盖检查了。"他心里想着，手上已经拿好了开盖所需的工具。等他打开微粉碎机前盖后发现，锤头和衬板的确存在轻微磨损，但磨损程度不足以让设备在运行时产生异响。随后小李对主轴箱和分级轮都进行了检查，依然没有发现任何异常情况。正当小李一筹莫展的时候，"老维修"徐师傅过来了。徐师傅打趣说："怎么回事啊？不知道怎么修了？"小李苦笑道："是啊，能检查的都检查了，但空机运行还是有异响。"徐师傅说："空机开起来我看看。"小李将设备安装完毕后开始了空机试机，运行过程中的确有明显的异响。徐师傅根据声音来源找到了分级轮的传动防护罩，拿起手电照亮了传动防护罩内部，发现分级轮的传动皮带盘的压盖螺栓已退出来了，与传动防护罩正在摩擦。徐师傅此时说道：

"小李，你把压盖螺栓拧紧了再看看。"果然，轻微的异响消失了。

一台机器的稳定运行不仅取决于设计和制造质量，而且取决于维护和维修工作。只有定期开展维护和维修工作，才能确保机器长期稳定运行，并保障生产的顺利进行。上述这个案例展现了维修人员精湛的专业技能和高度的责任意识。维修人员不仅需要掌握先进的维修技术，还需要具备高度的责任心和敬业精神，才能确保机器的安全和稳定运行。

微粉碎机主机由机架、无级调速减速器、自动给料器、粉碎室组成。粉碎室内装有分级装置、衬圈、粉碎刀等主要工作部件。自动给料器将物料推入粉碎室，因负压作用，进入粉碎室的物料受到粉碎刀的高速冲击和剪切，同时还受到由涡流产生的高频振动而被粉碎。经粉碎的物料因负压作用进入分级轮，由分级轮的旋转速度来控制粒度。

活动盘和固定盘间相对的高速运动，使物料通过活动盘和固定盘间的冲击、剪切、摩擦及物料彼此间的撞击等综合作用后被粉碎。

①机器的运动系单向高速连续旋转，通过电动机→带传动→活动盘做高速旋转运动。由于采用单一的一带转动，机器高速旋转时具有传动平稳的特点。

②机器的前盖必须在停机后打开，及时清洗机器内腔，保证机器工作面的清洁。

③被粉碎的物料可以直接在机器腹部排出。

④粉碎的粒度可通过不同孔径的筛板来实现。

微粉碎机常见故障、产生原因及排除方法如表5-1所示。

表 5-1　微粉碎机常见故障、产生原因及排除方法

常见故障	产生原因	排除方法
物料从加料口喷出	①物料堵塞粉碎室； ②配套风机压力不够	①查出堵塞原因，减少喂料量； ②检查或更换风机
生产率下降	①主机皮带打滑； ②锤头磨损； ③堵塞	①张紧皮带； ②更换锤头； ③清除堵塞

续表 5-1

常见故障	产生原因	排除方法
成品过粗或过细	①分级叶轮转速过低或过高； ②锤头与衬板间隙过大； ③二次风风量不合适； ④机器磨损严重，系统工作不正常	①调节分级叶轮转速； ②更换锤头和衬板； ③调整二次风风量； ④更换配件
粉碎机振动大	①转子不平衡； ②轴承损坏，连接松动； ③地基不平，没垫平	①重新做平衡试验； ②更换轴承，紧固连接螺栓； ③设备底座应垫平、垫实
电机无法启动	①保险丝烧断； ②电气元件损坏； ③物料卡住	①更换保险丝； ②检查线路，更换电气元件； ③切断电源，清理物料
轴承过热	①缺少润滑脂； ②轴承损坏； ③超负荷运行	①加注润滑脂； ②更换轴承； ③调整加料量
新设备达不到设计要求	①系统漏气； ②各参数的配置没有调到最佳状态	①检查各连接处密封是否可靠； ②重新调整各参数，达到最佳状态
使用一段时间后产量大幅降低	①系统漏气； ②机器磨损严重； ③物料湿度、粒度大； ④收集器滤袋堵塞	①检查各连接处密封是否可靠； ②更换配件； ③调整物料湿度、粒度； ④检查滤袋，清洗或更换
机内有异声	①铁石等硬物进入机器内； ②机器内零件脱落或连接松动	①停机清除异物，进料应过磁选装置； ②停机检查，更换零件，紧固连接

第三节　水洗式除尘器　　>>>

水洗式除尘器(图5-3)是一种利用水的惯性力和静电作用将烟气中的颗粒污染物和液态颗粒捕集下来的设备。具体而言,水洗式除尘器通过水的回旋运动使烟气中的颗粒污染物在水中沉积,同时通过离子化使液态颗粒在静电场力作用下结合,最终实现净化烟气的效果。

在再造烟叶行业中,布袋式除尘器是比较常用的除尘设备,而本书主要介绍运用于新型再造烟叶的水洗式除尘器。笔者想通过两者工作原理、结构及适用范围等的对比,让读者更好地了解水洗式除尘器。

图5-3　水洗式除尘器

无论是水洗式除尘器还是布袋式除尘器,它们都是要去除空气中的粉尘颗粒,达到净化空气的目的。两种除尘器都遵循"高效、节能、环保"的设计理念,致力于在保证除尘效果的前提下,减少能源消耗和对环境的影响。水洗式除尘器叶轮片横截面图如图5-4所示。

水洗式除尘器主要依靠水雾对粉尘进行吸附,通过滤网过滤水雾中的粉尘。布袋式除尘器则是通过布袋对含尘气体进行过滤,使粉尘附着在布袋表面,从而达到除尘效果。

水洗式除尘器主要由喷头、滤网、集尘斗等组成,结构相对简单。布袋式除尘器则主要由过滤袋、袋笼、清灰系统等组成,结构相对复杂。

水洗式除尘器适用于处理湿度大、粉尘颗粒较粗、浓度较高的含尘气体。布袋式除尘器则适用于处理湿度小、粉尘颗粒细、浓度较低的含尘气体。

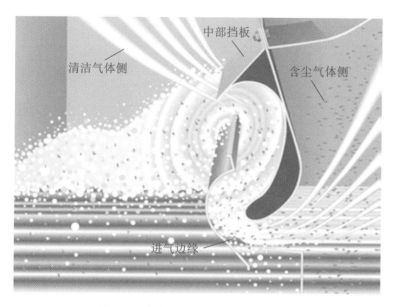

清洁气体侧

中部挡板

含尘气体侧

进气边缘

图 5-4　水洗式除尘器叶轮片横截面图

水洗式除尘器的维护主要集中在滤网的清洁和更换上,操作相对简单。布袋式除尘器的维护则包括过滤袋的更换、清灰系统的定期清理等,操作较为复杂。

水洗式除尘器的初期投资和运行成本要低于布袋式除尘器,而布袋式除尘器的除尘效率通常要高于水洗式除尘器,因此,在选择除尘器时需根据实际需求和成本进行综合考虑。

水洗式除尘器是一种高效的净化烟气的设备,使用方法简单,但需要注意使用细节,在使用和清洗时要遵循相应的要求,以保证其正常运转,达到预期的净化效果。

在水洗式除尘器操作过程中,经常遇到的难题及其原因或解决方案如下。

(1)排气罩气流减少

①皮带打滑造成风机速度降低。

②灰尘的黏性或低速造成其在管道中沉降,引起管道积污。

(2)收尘效率降低

①空气流速骤降。

②叶轮片被腐蚀或者磨损。

(3)水位高出溢流堰

可通过控制箱中已关闭的舷窗盖进行观察，发现除尘器中的水位过高。水位高于溢流堰的原因如下：

①控制箱内的排水管堵塞。

②供水阀泄漏会使水流入除尘器，使水位高于溢流堰。

③供水阀中的舷窗盖没有盖紧或者排水管道没有形成水封，导致控制箱内空气泄漏。

④除水器挡板或者叶轮片有泥污，空气室被堵塞。

⑤空气均衡管被堵塞。

(4)水位低于溢流堰

可通过控制箱中已关闭的舷窗盖进行观察，发现除尘器中的水位过低。水位低于溢流堰的原因如下：

①补给水路中过滤器堵塞引起供水量不足。长期的低水压会使供水率低于水分蒸发率。炎热、干燥的天气，水分蒸发最大。

②电磁阀处于关闭位置。

③机器没有水平放置。

(5)超负荷粉尘引起集泥斗积污

①通过增大除尘器内供水管路和集泥斗排水孔洞来提高排水率。

②在操作停止后，允许除尘器在一定的时间内排污。这能确保下次开启除尘器时，所有悬浮的灰尘都已排干净。通常，关机后半小时即可完成排污。再次开机前要重新给除尘器注水。

(6)排污中夹带水

①在安装或者关机期间，雨水或者雪水进入风机外罩中，或压差、温差造成管道内积聚冷凝水。

②过多的气体流经除尘器。可以通过测量除尘器的压力降低值来检查气体是否过多。气体过量会导致夹带水流。可通过增加静压或者降低排气速度来解决。

③堵塞的空气平衡管使水位控制箱保持高水位。可通过清洗软管并调整水位来解决。

④除尘器的湍急水流是水流从一端到另一端摇摆而形成的。这使得机器在低于额定容量时一直在运转。除尘器进口管道弯曲会形成湍急水流。可在进口

处的4~5个直流管道前加1个水流均匀器。如果空间有限，则需要使管道变弯曲，弯曲处的转向叶片可使空气均匀分布，消除湍急水流。

⑤如果机器不是水平放置，可能会导致夹带水。

⑥水位控制箱漏水会使机器水位过高。可通过将水导入溢流堰中间并迅速关闭舷窗盖来解决。

第六章
浆液配制设备

稠浆法的浆液配制工段是粉料和液料混合配制成浆料的过程。首先，外纤、水等在液料配制罐中被配制成液料，然后按照粉料、液料配方比例，分别通过粉料电子秤、流量计，计量出粉料和液料对应的用量，最后都输送至稠浆配制罐内进行均匀混合，得到预定的稠浆法浆料。稠浆法薄片浆液配制工段的主要设备有液料制备设备、稠浆配制设备、稠浆缓存设备。

液料制备设备主要有液料配制罐、均质泵、液料输送管路系统等。稠浆配制设备主要有流量计、螺旋输送器、粉料电子秤、螺旋进料器、稠浆配制罐、粉液料高速混合装置、螺杆泵、液料输送管路系统等。稠浆缓存设备主要有稠浆缓存罐、输送管路等。

第一节　均质泵

>>>

均质泵(图6-1)通过定子、转子之间极其狭小空间中的相对高速旋转和运动，产生强大的机械撞击力、机械运动力、机械剪切力和切向剪切力，从而实现将颗粒性物料粉碎、均质、分散、乳化、匀浆等多种功能，能有效分散团块凝集物。

均质泵作为稠浆法再造薄片生产线(简称稠浆线)的重要设备，其正常运转对于稠浆线的正常工作至关重要。

案例：在一次生产中，均质泵突然停止工作。技术人员在尝试了各种可能的维修手段都无果后，决定对均质泵进行拆卸修理。这个过程并不简单，需要

图 6-1 均质泵

技术人员有极大的耐心、过硬的专业知识和能力。经过反复的拆卸和修理，最终找到了故障的原因——定子发生了磨损。修复后的均质泵再次投入工作，又恢复了高效运转。

均质泵常见故障、产生原因及排除方法如表 6-1 所示。

表 6-1 均质泵常见故障、产生原因及排除方法

常见故障	产生原因	排除方法
设备振动，有异响	①受到金属冲击，转子偏心； ②联轴器垫片磨损	①更换主轴或定转子； ②更换联轴器垫片，并调节电机同心度
设备突然不转动	①联轴器垫片磨损； ②物料黏度过大	①更换联轴器垫片； ②稀释物料
泄漏	密封圈或密封面烧坏	更换机械密封件

第二节 粉液料高速混合装置

>>>

粉液料高速混合装置的混合头突然停止转动，经过拆卸检查后发现轴承磨损严重。通过更换磨损的轴承，问题得以解决，设备恢复正常运行。事后，设备主管部门对粉液料高速混合装置进行检查，得出的结论是日常缺少维护。定期检查和维护关键部件，如轴承等设备是至关重要的。这样可以及时发现并解决潜在问题，避免不必要的损失和停机时间。

粉液料高速混合装置、稠浆配制罐和螺杆泵形成物料流通循环回路，实现对粉料、液料的连续循环混合；螺杆泵用于对混合后的稠浆料进行增压，以增加其流动性，减轻粉液料高速混合装置的工作负载。

粉液料高速混合装置主要由传动装置、机械密封、混合头、预混室、泵体和底座机等组成，如图6-2所示。

粉液料高速混合装置常见故障、产生原因及排除方法如表6-2所示。

图6-2 粉液料高速混合装置

表6-2 粉液料高速混合装置常见故障、产生原因及排除方法

常见故障	特征	产生原因	排除方法
混合头故障	混合头不转	①轴承磨损严重； ②缺乏润滑油	①更换轴承； ②清洗轴承并加足润滑油

第七章
成型与干燥设备

成型干燥系统主要由稠浆缓存罐、液料泵、成型干燥机、卵磷脂配制罐、管道出铁过滤器、输送管路等组成，具备稠浆输送、过滤除铁、卵磷脂溶液配制、稠浆薄片成型及干燥等功能。稠浆缓存罐中的稠浆通过泵输送到成型干燥机的成型装置浇筑盒中，利用成型装置将稠浆浇注在匀速移动的钢带上，在钢带上形成一定厚度和宽度的浆料涂层，并干燥处理成薄片。在成型干燥机的尾端薄片通过脱片装置与钢带分离。在稠浆浇注之前，在钢带上喷涂卵磷脂，以便分离薄片与钢带。

第一节　成型干燥装置

>>>

成型干燥装置主要用于稠浆法再造烟叶生产线中薄片的成型和干燥，将制备的烟草稠浆按整线工艺要求制成烟草薄片，待含水率达到工艺要求后加入后续设备中。

成型干燥装置主要由机头段、中间段箱体、机尾段、中间段支撑部件、排潮段箱体、热风进风段箱体、传感器及蒸汽仪表等组成，如图7-1所示。

本装置属于稠浆干燥设备，通过蒸汽喷管将蒸汽喷吹到钢带下表面上释放热量，钢带受热后将热量传递给钢带上表面的物料用以加热物料，经过一段时间的持续受热后干燥成型。水蒸气经排潮系统从设备中排出，蒸汽放热后形成的冷凝水经水槽排入水沟。

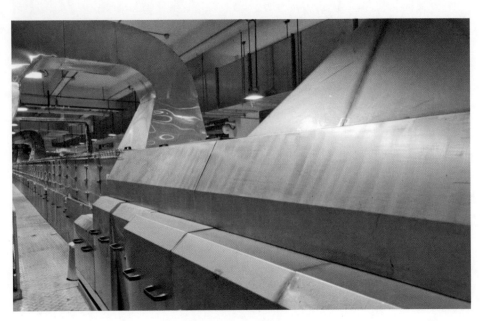

图7-1 成型干燥装置

成型干燥装置常见故障、产生原因及排除方法如表7-1所示。

表7-1 成型干燥装置常见故障、产生原因及排除方法

常见故障	产生原因	排除方法
①减速机不能正常工作，温升过高； ②减速机不转或稍转即停，不能正常工作； ③外壳烫手，有焦味	①一相断路(即缺相)； ②负载过大； ③减速机本身存在故障或超载	①接通电路； ②卸载后启动或更换较大功率的减速机； ③更换减速机
①含水率过大； ②含水率过小	①干燥过程热量损失太大； ②热量过大	①适当调大蒸汽流量或压力； ②适当调小蒸汽流量或压力
①钢带跑偏； ②钢带跑偏严重无法正常工作	①纠偏气缸损坏； ②检测传感器故障	①更换气缸； ②更换传感器

第二节　网带干燥装置 >>>

在再造烟叶生产线中，网带干燥装置可将成型后的湿薄片烘干成规定含水率的干薄片。网带干燥装置主要由机身、传动系统、拖动系统、热风循环系统、排潮组件等组成，如图 7-2 所示。成型后的湿薄片在拖动网带牵引下，进入干燥装置内，在热风循环系统形成的热风作用下快速脱水，从而达到干燥的目的。

网带干燥装置常见故障、产生原因及排除方法如表 7-2 所示。

图 7-2　网带干燥装置

表 7-2　网带干燥装置常见故障、产生原因及排除方法

常见故障	产生原因	排除方法
①减速机不能正常工作，温升过高； ②减速机不转或稍转即停，不能正常工作； ③外壳烫手，有焦味	①一相断路（即缺相）； ②负载过大； ③减速机本身存在故障或超载	①接通电路； ②检查链条是否被卡住； ③更换减速机
①网链不能正常工作； ②声音过大或抖动	网链过松	检查网链松紧度
出料含水率过高	热风温度低	调查热风温度设定值

第八章
切丝设备

在实际生产操作切丝机过程中，易出现连丝现象。操作人员遇到这类情况时通常会采取调整定刀和动刀之间的间隔来改善连丝问题。但是该办法并非通用，还需要结合实际情况予以调整。例如，在某些维修案例中，连丝问题是由丝刀磨损所导致的，因此，只需要更换新的丝刀即可解决连丝现象，确保切丝机的正常运行。

切丝机主要由纵切刀组、横切刀组、冷却装置、机架和传动部分等组成。如图8-1所示。切丝机纵切刀组中的滚丝刀先将预烘干的薄片切

图 8-1　稠浆法再造烟叶切丝机

成丝状，然后横切刀组中的螺旋刀将细丝切成一定长度的小段，以便于包装和存放。切丝机结构简单，便于维修，是稠浆法再造烟叶生产线中重要的设备之一。

切丝机常见故障、产生原因及排除方法如表8-1所示。

表8-1 切丝机常见故障、产生原因及排除方法

常见故障	产生原因	排除方法
①减速机不能正常工作，温升过高； ②减速机不转或稍转即停，不能正常工作； ③外壳烫手，有焦味	①一相断路(即缺相)； ②负载过大； ③减速机本身存在故障或超载	①接通电路； ②卸载后启动或更换较大功率的减速机； ③更换减速机
①并丝； ②丝条比正常宽	①滚丝刀磨损； ②滚丝刀部分损坏	①更换滚丝刀； ②维修滚丝刀辊
①连丝； ②丝条比正常长	①定刀和动刀间隙过大； ②螺旋刀磨损	①微调定刀和动刀的间隙； ②更换螺旋刀
①切丝刀"闷车"； ②开始工作正常，然后转速逐渐降低，直至断路器因负载过大而跳闸	①新刀未磨合； ②薄片进料层数多	①磨合一段时间； ②控制进料速度
①切丝刀温度高； ②喷吹管无冷气吹出或冷气很少	①气源未开或空气管路泄漏； ②涡旋管损坏； ③电磁阀未接通或损坏	①打开气源开关并检查冷空气管路有无泄漏； ②更换涡旋管； ③打开或更换电磁阀

第三篇

辊压法再造烟叶设备

辊压法再造烟叶的工艺被形象地称为"压面条"。它是将烟梗、烟末、烟碎片等烟草原料粉碎，与外纤、雾化剂、香料和水等物料按一定比例混合搅拌均匀，形成松散的团粒状，随后利用辊压机辊压成片状进行干燥，最终通过切丝机切成长度适中的烟丝。

　　用辊压法制得的再造烟叶强度较差，单位体积质量大，填充性能低，生成的焦油含量高于造纸法和稠浆法。但该法设备较简单，能源消耗少，成本较低，适于中小规模生产。

　　2018 年湖北新业烟草薄片开发有限公司建成了国内首条具有自主知识产权的加热卷烟（辊压法）专用薄片试验线。湖北中烟工业有限责任公司以此薄片为基础，开发了加热器具 MOK 和加热卷烟 COO，并成功在韩国、印度尼西亚、马来西亚等国家和地区发售，参与到加热卷烟的国际竞争之中。

第九章
原料处理设备

原料处理设备由喂料机、粗粉碎机、旋风落料器、关风机、振动输送器、除铁器、烘干筒、螺旋输送器、除尘器、风机及风送除尘管路等组成，主要实现原料的粗粉碎及干燥处理。

第一节　烘干筒

>>>

在薄片生产线中，烘干筒用于切丝工艺后薄片(丝)的二次烘干卷曲，可提高薄片丝的填充值和利用率，是薄片生产线中的重要设备之一。

烘干筒由机架、烘筒前罩、烘筒后罩、传动系统、供汽系统及排潮系统等主要部件组成，如图9-1所示。

烘干筒内铺设有带蒸汽管道的抄板，中心轴处设有中心耙辊，有利于薄片(丝)的充分受热。物料经进口、滑槽进入转筒内，与烘筒内的外抄板和中心耙辊接触，随烘筒转动而翻滚前进，从而达到烘干和卷曲目的。完成后由后罩出料口出料，并进入下一工序。根据出料含水率调节烘筒转速，可延长或缩短物料在筒内停留时间。供汽系统由旋转接头、截止阀、减压阀、压力表、疏水阀和管道等组成，给设备提供蒸汽热源。

烘干筒常见故障、产生原因及排除方法如表9-1所示。

图 9-1　烘干筒

表 9-1　烘干筒常见故障、产生原因及排除方法

常见故障	产生原因	排除方法
①减速机不能正常工作，温升过高； ②减速机不转或稍转即停，不能正常工作； ③外壳烫手，有焦味	①一相断路（即缺相）； ②负载过大； ③减速机本身存在故障或超载	①接通电路； ②卸载后启动或更换较大功率的减速机； ③更换减速机
①出料含水率过高； ②丝条湿度大，粘连	蒸汽入口压力不够	调高蒸汽入口压力
①出料含水率过低； ②丝条湿度不够，易碎	蒸汽入口压力过高	调低蒸汽入口压力
筒内无蒸汽	①阀门没打开； ②执行器自动挡与手动挡未调至相应位置	①检查各蒸汽阀门开关； ②单机调试时调至手动挡，整线联动时调至自动挡

第二节　粉料均质仓

粉料均质仓主要由传动装置、搅拌轴、混合仓、底座等组成，如图9-2所示。前台设备将烟粉等原料投入粉料均质仓内，通过驱动电机带动搅拌轴使粉料均质混合。

案例：在某次生产过程中，粉料均质仓突然发出了异常的噪声。电工杨师傅根据经验猜测可能是由轴承磨损或者润滑不足导致的，于是决定对粉料均质仓进行检查。他拆下粉料均质仓的外壳，仔细清洁了轴承并重新添加了润滑油，重启设备后问题并未得到解决。杨师傅决定更换轴承。在更换新的轴承并确保所有的螺丝都紧固无误后，他再次启动了粉料均质仓，发现异常的噪声已经消失。此次经历让杨师傅更加明白了保养的重要性。轴承是机械的关键部分，需要定期检查和更换，以确保设备的正常运行。

图9-2　粉料均质仓

粉料均质仓常见故障、产生原因及排除方法如表9-2所示。

表9-2　粉料均质仓常见故障、产生原因及排除方法

常见故障	产生原因	排除方法
搅拌轴故障	轴承磨损严重	更换轴承
搅拌轴不转	缺乏润滑油	清洗轴承并加足润滑油

第十章
液料配制设备

在液料配制工段，首先按照配方比例，通过解纤罐、剪切混合机、甘油罐等将外纤、甘油、水等在液料配制罐中配制成液料，然后通过输送泵将配制好的液料输送至缓存罐，以备后续工段使用。

辊压法加热卷烟专用薄片试验线液料配制工段的主要设备有液料配制设备和液料输送设备。

第一节　解纤罐

解纤罐主要由电机、罐体、搅拌轴、加热装置、输送管道组件等组成，如图 10-1 所示。将物料加入罐内，加热并搅拌均匀，贮存备用或直接输送到后续加工设备。

解纤罐作为一种加热搅拌装置，在化工、医药、食品等行业具有广泛应用。该设备不仅能进行加热和搅拌，还能保持恒温，从而满足了薄片生产过程中的各种需求。

解纤罐的设计巧妙地结合了加热和搅拌的功能，使得操作更为简便，效率更高。它能够在整个生产过程中持续地进行搅拌，以确保烟草浆料均匀分布，从而得到更加均匀的产品。同时，加热功能能够使物料快速达到所需的温度，缩短生产时间，提高生产效率。

解纤罐的保温功能是一大亮点。它能够在烟草浆料达到设定温度后，保持恒温,避免热量损失,确保烟草浆料能够稳定地达到所需的状态。这种功能在许多生产过程中都是至关重要的,尤其在薄片生产中,可以保证产品质量的稳定性和一致性。

总之,解纤罐作为一种强大的生产工具,满足了薄片生产过程中的各种要求。它的加热搅拌功能、高效的搅拌效率及出色的保温性能,使其成为新型薄片生产中不可或缺的设备。

解纤罐常见故障、产生原因及排除方法如表10-1所示。

图 10-1　解纤罐

表 10-1　解纤罐常见故障、产生原因及排除方法

常见故障	产生原因	排除方法
电机不能正常工作,温升过高	①一相断路(即缺相); ②负载过大; ③电机本身存在故障或超载	①接通电路; ②卸载后启动或更换较大功率的电机; ③更换电机
工作时有异常响声	轴承磨损	更换轴承
泄漏	密封圈或密封面烧坏	更换密封件

第二节　单级乳化泵

>>>

在辊压线上，最初使用的是均质泵。虽然均质泵在某些场合下发挥了重要的作用，但它的缺点也十分明显，例如，功耗大，容易出现故障，维修成本高，清洗起来相当困难。对此，笔者在车间实际生产中建议考虑使用乳化泵，以提高工作效率并降低维修成本。

与均质泵相比，乳化泵具有许多明显的优势。首先，乳化泵的混合效果更好，能够更好地处理物料，从而提高生产效率。其次，乳化泵的应用范围更广泛，能够适应各种不同的生产环境。再次，乳化泵的操作更为简单，无须复杂的操作工序。最后，乳化泵的维护成本低，使用过程中更容易清洁和维护。

引入乳化泵，可提高辊压线生产效率，降低故障率，降低维修成本，简化操作流程，提高清洁度。这些优势将有助于更好地应对市场竞争，提高产品质量和客户满意度。因此，在辊压线上使用乳化泵，能使生产更高效、更可靠、更易于维护。

单级乳化泵是连续式生产或循环处理精细物料的高效率乳化机。电机带动转子高速运转，通过机械外力的作用使液–液、固–液物料颗粒的粒径变小，使一种相均匀分布到另一种或多种相中，达到细化均质、分散乳化效果，从而形成稳定的乳状液状态。单级管线式高剪切乳化机前级可配置送料泵，对中、高黏度物料有一定的适用性。设备噪声低，运转平稳，无死角，且具有短距离、低扬程输送功能，物料可百分之百地受到分散、剪切的作用。

单级乳化泵的结构与特点如下：

①连续性的分散乳化效果佳，能自动清洗装置。

②转速可达 3000 r/min，可通过节能环保变频器调节速度。

③全不锈钢机身设计制造，可选配卫生级不锈钢电机罩。

④转子、定子采用整块锻件材料，精度高，线速度高。

⑤采用双端面机械密封设计，无泄漏，安全可靠，可减少维护成本。

⑥采用机械密封缺水保护设计，乳化泵腔夹套设计可实现加热和冷却调节，机器可长时间运行。

⑦可按照实际需求提供各种连接方式（法兰、快接、SMS 快装等），可定制

在特殊压力和特殊温度(耐高温、耐低温)环境下使用的机器。

乳化泵结构如图10-2所示。

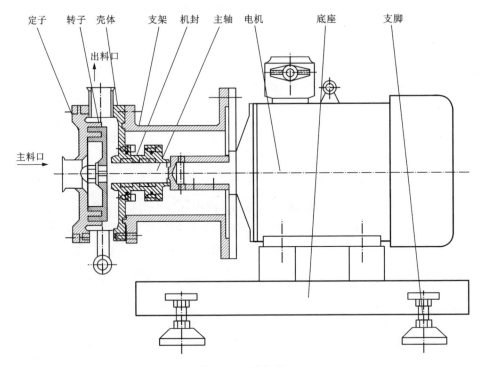

图 10-2　乳化泵

乳化泵常见故障、产生原因及排除方法如表10-2所示。

表 10-2　乳化泵常见故障、产生原因及排除方法

常见故障	产生原因	排除方法
启动后无压力或调不上压力	①先导阀的中、下节流孔被堵塞; ②卸载阀主阀被卡住或损坏; ③推力活塞处的密封圈损坏; ④卸载阀先导阀被卡住或损坏	①疏通节流孔; ②检查卸载阀主阀是否被卡住或损坏; ③更换推力活塞处的密封圈; ④检查卸载阀先导阀是否被卡住或损坏

续表 10-2

常见故障	产生原因	排除方法
压力脉动大，流量不足或无流量，甚至管道振动，噪声过大	①泵吸液腔空气未排净； ②柱塞密封圈处吸液时进气； ③吸液软管过细过长或有死弯； ④吸、排液阀弹簧断裂或阀芯损坏； ⑤吸液阀螺堵未拧紧； ⑥液箱的吸液过滤器被堵塞	①拧松泵放气螺钉，放净重空气； ②取出排液阀，往柱塞腔加满液； ③调换吸液软管或解除死弯； ④更换弹簧或更换阀芯； ⑤拧紧吸液阀螺堵； ⑥清洗液箱的吸液过滤器
柱塞密封处泄漏严重	①柱塞密封圈磨损或损坏； ②柱塞表面有严重划伤、拉毛	①更换密封圈； ②更换或修磨柱塞
泵运转时噪声大，有撞击声	①轴瓦间隙加大； ②泵内有杂物； ③电机与泵的轴线不同轴； ④柱塞与承压块间有间隙	①更换轴瓦； ②清除杂物； ③调整电机与泵，使其同轴； ④拧紧压紧螺套
箱体温度过高	①润滑油太脏或者不足； ②轴瓦损坏或曲轴颈拉毛	①加油或清洗油池，换油； ②更换轴瓦或修理曲轴
泵压力突然升高超过卸载阀调定压力或安全阀调定压力	①先导阀的上、下节流孔被堵塞； ②先导阀的调压螺套被误调； ③安全阀失灵	①疏通节流孔； ②重新调定压力； ③检查、调整或更换安全阀
支架停止供液时卸载阀动作频繁	①支架系统漏液严重； ②卸载阀单向阀漏液； ③先导阀泄漏	①消除工作面支架的漏液部位； ②检查更换单向阀； ③检查先导阀阀面及密封
乳化液温度高	①先导阀的密封圈损坏； ②单向阀处有溢流	①检查先导阀的 O 型密封圈； ②检查单向阀有无损坏

第十一章
辊压成型设备

辊压成型工段是根据配方单，将原料处理工段和液料配制工段得到的粉、液料按照预定比例进行干湿料混合，再经历五级辊压制成半加热卷烟（辊压法）专用薄片。辊压法加热卷烟专用薄片试验线辊压成型工段的主要设备有干湿料计量设备、干湿料混合设备、辊压成型设备。

第一节　CMC 给料器
>>>

CMC 给料器主要由料斗、螺旋转子、外壳、传动部分等组成，如图 11-1 所示，主要应用于新型烟草制品生产线。其将黏合剂按工艺配方，以一定比例加入混合料中。CMC 给料器先测量出流量，通过计算得到流量与电机运行频率之间的关系。设置好流量值之后，PLC 可编程逻辑控制器可以根据比值关系计算出电机的运行频率，从而达到定量配比的目的。

CMC 给料器本质上是一种螺旋推送装置，其在再造烟叶生产中是一种常见的设备。CMC 给料器通常由驱动装置带动螺旋轴，使物料在螺旋的作用下被推向出料口。该设备具有高精度的计量能力，能够满足对物料计量的精度要求，因此在新型烟草制品生产中发挥着重要作用。总之，该设备是一种高效、精确的物料输送装置，适用于各种需要精确控制物料流量的场合。

CMC 给料器常见故障、产生原因及排除方法如表 11-1 所示。

图 11-1 CMC 给料器

表 11-1 CMC 给料器常见故障、产生原因及排除方法

常见故障	产生原因	排除方法
①电动机不能正常工作，温升过高； ②减速机不转或稍转即停，不能正常工作； ③外壳烫手，有焦味	①一相断路（即缺相）； ②负载过大； ③减速机本身存在故障或超载	①接通电路； ②检查是否有大块结晶卡料或更换较大功率的减速机； ③更换减速机
①出料速度慢或不下料； ②堵料	①缺料； ②有大块结晶体堵塞出料筒	①添加； ②停机清除大块结晶体

第二节　挤压器

挤压器主要由机身、螺旋轴、孔板、刀板、刀板支架及传动系统等组成，如图 11-2 所示。经搅拌湿混后的物料被挤压器挤压及混炼以备后续工艺设备压制薄片。挤压器利用螺旋的强力挤压，使得湿混后的物料更加致密，能达到进一步混炼和均匀水分的目的。

挤压器常见故障、产生原因及排除方法如表 11-2 所示。

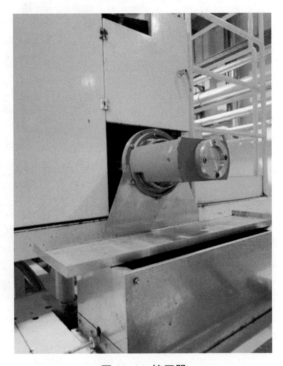

图 11-2　挤压器

表 11-2　挤压器常见故障、产生原因及排除方法

常见故障	产生原因	排除方法
①减速机不能正常工作，温升过高； ②减速机不转或稍转即停，不能正常工作； ③外壳烫手，有焦味	①一相断路（即缺相）； ②负载过大； ③减速机本身存在故障或超载	①接通电路； ②卸载后启动或更换较大功率的减速机； ③更换减速机
出料不正常或不顺畅	出料口堵塞	人工清理

第三节　辊压机

辊压机是利用一对压辊的对辊压，将一定配比的混合料压制成薄片。其机械传动系统由一台减速电机驱动主动压辊，再通过一对齿轮带动被动压辊，手动调节蜗轮蜗杆机构，蜗轮蜗杆带动螺旋机构调节被动压辊，进而调节主、被动压辊间隙，以控制薄片的厚度，然后利用脱片装置将薄片从主动压辊上铲刮下来。

辊压机主要由机械传动系统、压辊调节系统、脱片装置和机架等组成，如图 11-3 所示。

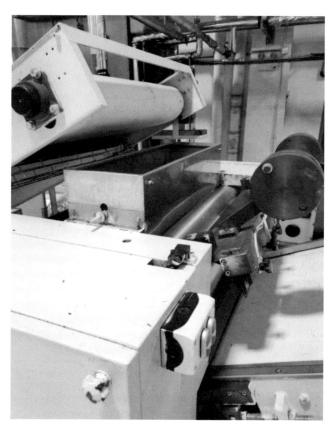

图 11-3　辊压机

辊压机常见故障、产生原因及排除方法如表 11-3 所示。

表 11-3　辊压机常见故障、产生原因及排除方法

常见故障	产生原因	排除方法
①电机不能正常工作, 温升过高; ②减速机不转或稍转即停, 不能正常工作; ③外壳烫手, 有焦味	①一相断路(即缺相); ②负载过大; ③电机本身存在故障或超载	①接通电路; ②卸载后启动或更换较大功率的电机; ③更换电机
薄片过厚或比正常厚	①压辊磨损; ②压辊间隙过大	①更换压辊; ②调节间隙
薄片过薄或比正常薄	压辊间隙过小	微调压辊间隙
①脱片不畅; ②压制好的薄片从主动压辊下来时不流畅	①刮刀的压力不够; ②刮刀磨损变形	①调整重锤位置; ②更换刮刀

第十二章
水分控制设备

水分控制主要是将上一工段辊压成型的物料进行烘干，在此过程中，对其水分、温度等参数进行控制，最后得到辊压法加热卷烟专用薄片。

辊压法加热卷烟专用薄片试验线水分控制工段烘干设备主要有低温烘箱、水分仪、水洗除尘器、冷却输送机等。

第一节　低温烘箱

>>>

辊压成型后的薄片在拖动网带的牵引下，进入干燥装置内，在热风循环系统的热风作用下快速脱水，达到干燥的目的。低温烘箱主要由机身、传动系统、拖动系统、热风循环系统、排潮组件等组成，如图 12-1 所示。

低温烘箱常见故障、产生原因及排除方法如表 12-1 所示。

表 12-1　低温烘箱常见故障、产生原因及排除方法

常见故障	产生原因	排除方法
热风温度过高或过低	蒸汽流量过大或压力太高	适当减小蒸汽流量或调低蒸汽压力
出料含水率过高	热风温度低	调整热风温度设定值

图 12-1　低温烘箱

第二节　冷却输送机

　　冷却输送机主要由电机、主动辊筒、被动辊筒、托辊、输送带、机架、纠偏系统、张紧装置、散热系统等组成，如图 12-2 所示。

　　主动辊筒、被动辊筒由轴头、焊环、辊筒等零件焊接加工而成，它的功能是给皮带传递驱动力。托辊由轴、辊筒及轴承组装而成，它的功能是承托皮带的松边，保持皮带的张紧状态。输送带选用聚四氟乙烯网眼带，它的功能是输送物料并可充分散热。机架由墙板、连接角钢、横梁、托条、定位架、调节架、托辊支板等零部件组焊而成，它的作用是支撑主动辊筒、被动辊筒、托辊、皮带等部件，是整个输送机的主体结构。纠偏系统由调节辊筒、气缸组成，它的功能是利用气缸调整调节辊筒与输送带的摩擦角度来实现纠偏。张紧装置由连接板、方螺母经焊接后与调节螺杆组装而成，它的功能是通过调整调节螺杆、被动辊筒的位置来调整皮带的张紧程度。散热系统由风扇安装架和散热风扇组成，通过风扇吹风加速空气流动，提高薄片降温速度，实现冷却功能。

　　冷却输送机由电机带动主动辊筒，主动辊筒利用张紧摩擦力带动输送带，由输送带将物料连续向前输送。

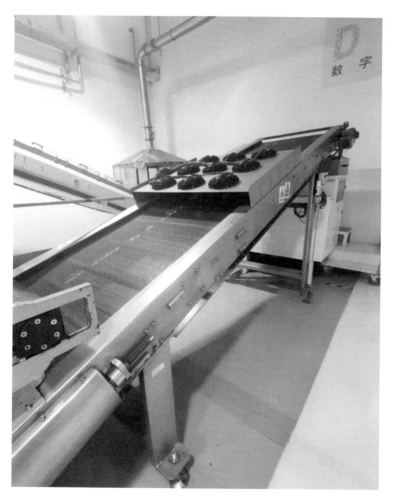

图 12-2　冷却输送机

冷却输送机常见故障、产生原因及排除方法如表 12-2 所示。

表 12-2　冷却输送机常见故障、产生原因及排除方法

常见故障	产生原因	排除方法
①减速机不能正常工作，温升过高； ②减速机不转或稍转即停，不能正常工作； ③外壳烫手，有焦味	①一相断路（即缺相）； ②负载过大； ③减速机本身存在故障或超载	①接通电路； ②卸载后启动或更换较大功率的减速机； ③更换减速机
①工作时有异常； ②皮带跑偏	皮带未张紧	①转动调节螺杆调整被动辊筒的位置； ②调节托辊位置
①堵料或送料不畅或机尾有积料； ②物料输送不连续	①物料未落到皮带上； ②带速不匹配	①调整被动辊筒的位置； ②调整带速

第四篇

干法再造烟叶设备

近年来，干法再造烟叶的新方法逐渐引起了人们的关注。这种新方法借鉴了造纸法再造烟叶技术，发展出了一种新型再造烟叶生产技术。其工艺流程包括木浆纤维的无水解纤制成片基、烟草原料的低温粉碎预处理、调配涂布液、涂布液涂覆片基、干燥切片形成最终产品等步骤。

　　这种干法再造烟叶相较于传统造纸法再造烟叶，优点在于物理化学指标更加优秀、投资成本低且不产生污水。然而，目前干法再造烟叶成型技术仍存在一些限制，如在喷涂过程中，容易出现供料喷涂不稳定等情况，导致喷涂上去的含烟草物质的料液存在差异，最终导致产品定量波动大，涂布率不一致，使得同一批次生产的再造烟叶的物理化学指标及口感出现明显差异。此外，定量波动还会导致产品厚度不均匀，在应用于加热不燃烧有序排列卷烟中易造成卷烟爆管、空管等质量问题，给后续加工带来不确定性。因此，针对这些限制和问题，需要进一步研究和改进干法再造烟叶的生产技术。

第十三章
粉碎设备

粉碎机组主要由木浆上料承纸架、粗粉碎机、精粉碎机、浆棉送料风机等组成。其通过管道将粉碎好的木浆纤维输送到主机的成型头内,具有自动跟踪、定量准确、纤维提取充分及调节湿度等特点。

第一节　木浆上料承纸架

>>>

木浆上料承纸架用于举起(利用气缸气动)并承载卷式木浆,如图13-1所示,目的是调节木浆中的含水量,减少静电发生。其安装有二流体喷水装置,开启气阀、水阀可增加木浆含水量,亦可在供水中添加抗静电剂来提高抗静电效果。

常见问题及处理方法:

(1)木浆基片白点

①木浆基片白点多,可能是粉碎机粉碎效果不佳造成的,此时需要检查木浆柔软度是否为合格的全处理级绒毛浆;检查木浆含水量是否超标;检查粗粉碎环节加水量及均匀性;检查精粉碎筛网网孔的完整性及洁净度;检查筛网与粉碎锯片的间隙是否控制在1~1.5 mm;检查粉碎锯片齿尖的完整性。

②木浆基片有白点或有较大白点,可能是送料管道内壁积尘造成浆绒挂壁成球,成型头打散辊无法正常打散导致的,清理管道即可。

③静电对气流成型铺棉的影响至关重要,较强静电会使浆绒抱团成球,落

胎纸

图 13-1　木浆上料承纸架

到成型网带上即成较大白点。此时需要检查木浆粗粉碎加水和进气加湿装置的
工作是否正常，同时适当提高加湿量。

（2）成型铺棉不均匀

①静电作用会影响浆棉下落方向和路径，通过木浆加湿装置和进气加湿装
置来调节木浆湿度，或通过成型头补充空气湿度，可大大削减静电作用。

②检查成型网带的洁净程度，及时清理，保证透气的均匀性。

③调节送料风机和成型风机的频率，变化送料量和抽吸风量，有助于铺棉
的均匀性。

④手动调节送料管道和成型吸附箱侧的分配调节挡板，通过改变方向，可
以快速方便地调整基片(胎纸)的横向偏差。

第二节 粗粉碎机

粗粉碎机由喂料输送台、粗粉碎主轴(锤式上刀辊、风机叶片、匹配管道)、底刀组成,如图13-2所示。喂料输送台传输由PLC、变频器控制,自动跟踪主机速度,精准定量,最大喂料宽度为1080 mm。粗粉碎主轴带有风机叶片与匹配管道,它们将初步粉碎的木浆碎片输送至精粉碎机。

图13-2 粗粉碎机

粗粉碎机维护保养要点如下:
①粗粉碎机主轴轴承采用油脂润滑,通过外接注入嘴每6个月加注一次。
②粗粉碎机传动齿轮、链条,每3个月使用通用机油浸泡保养一次。

第三节　精粉碎机

精粉碎机由主轴组件(锯片式)、底刀、壳体、筛网及精粉碎主轴润滑冷却装置组成,如图13-3所示。松软的木浆中的碎片经锯片、底刀及筛网的共同作用被粉碎得更彻底。通过锯片与底刀间隙调整、筛网孔眼规格变化可得到不同的粉碎效果。精粉碎机的木浆粉碎能力≤50 kg/h。主轴润滑冷却装置由机油贮存箱、电机、循环泵、进出回路油管组成,机油建议使用30#机油。

图13-3　精粉碎机

精粉碎机维护保养要点如下:

①精粉碎主轴轴承冷却润滑油采用30#机油,每6个月更换一次,如有变质、污染或异物进入,必须立即更换。

②精粉碎主轴油封每6个月更换一次。

第十四章
成型设备

浆棉成型主要由成型网机构、成型头、吸附箱(含成型风机)及网上压实机构等组成。浆棉进入成型头,经过打散辊及转鼓筛网的均匀搅拌,被吸附箱利用负压吸附在成型网带上,经网上压实机构后达到浆棉紧密效果并有一定强度。

第一节　成型头

>>>

成型头由1个成型箱体、2根打散辊、2个打散辊驱动装置、2个转鼓筛网、2个转鼓筛网驱动装置(托轮、压轮、PLC、变频器控制)、2个转鼓筛网驱动清洁装置(刮板)等设备组成,如图14-1所示。粉碎机组的送料风机将浆棉从两端吹入转动的转鼓筛网中,经打散辊的打散及搅拌,受吸附箱负压吸附作用,被均匀吸出并阻隔在中间做环路运动的成型网带上。

成型头维护保养要点如下:

①成型头(成型上箱、转鼓筛网、绞龙式打散辊)、吸附箱、成型均风网链等的清洁,每班(天)使用高压风吹扫一次,防止粉尘积料和锈蚀。

②成型风机主轴轴承座采用封闭式结构,轴承使用润滑脂润滑,每6个月需要开启一次,检查、添加或更换润滑脂。

常见问题为成型网带物料(胎纸)传输不畅、粘网,处理方法如下:

①检查是否存在静电作用。

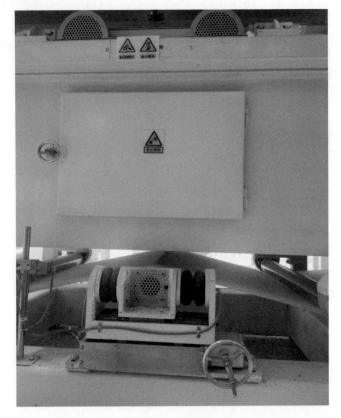

图 14-1　成型头

②检查木浆加湿、进气加湿是否加湿量过大。

③检查成型网带的透气性和洁净度，检查是否存在污染。使用高压风配合毛刷清理污物。

第二节　网上压实机构

>>>

网上压实机构由 1 套压实上辊总成（钢辊）、1 套压实下辊总成（胶辊）组成，如图 14-2 所示。压实上辊采用蒸汽加热，同时配备 1 个上辊清洁刮板。网上压实机构可增加成型网带上的胎纸强度，调节胎纸厚度，便于顺利通过后续工位，减少后续工位粘辊粘网现象，加快车速。

图 14-2　网上压实机构

网上压实机构维护保养要点如下：

压实装置的联动齿轮、压辊滑道、限位滑块每 3 个月检查一次，使用润滑油保养。

常见问题为成型网带上压实辊粘辊，处理方法如下：

①检查辊面清洁度，及时清理。

②压实辊加热过热，应及时降温。

③确保胎纸厚薄均匀。

第十五章

喷胶烘干设备

喷胶烘干Ⅰ部由上喷胶及上烘干网带驱动机构、吸附箱(含风机)、上喷胶系统、上烘箱、换热器及蒸汽管路、加热风机、旋风除尘器、机架走台护栏组成。通过过渡网带传输过来的胎纸被吸附在上喷胶网带上并随网带移动;胶液经上喷胶系统处理后,由喷枪喷嘴从胎纸上方均匀喷洒在移动胎纸的上表面,并渗透至中间。经喷胶后的胎纸进入烘箱,受上方的热空气烘烤实现脱水烘干,并达到一定的强度。

下喷胶部由下喷胶网带、吸附箱(含风机)、下喷胶系统等组成。胎纸经上烘干后过渡到下喷胶网带上,并吸附在下喷胶网带上随网带移动;胶水经下喷胶系统处理后,由喷嘴从胎纸下方均匀喷洒在移动胎纸的下表面,并渗透至中间。

下烘干部由下烘干网带、烘箱、吸附箱(含风机)、旋风除尘器、换热器等组成。吸附箱与烘箱组成一个密闭的上下箱体(吸附箱在上,烘干网带、胎纸依次被倒吸在吸附箱下方),旋风除尘器与换热器通过管道连接,形成一个环形通道。吸附箱风机工作时,将空气从吸附箱中抽出,经旋风除尘器净化、换热器加热后,再进入烘箱,循环往复,从而对从烘箱与吸附箱中间通过的烘干网带上的胎纸的下表面进行穿透式加热,烘干胎纸中的胶液,使胎纸黏结牢固。

喷胶烘干Ⅱ部(熟化部)由上喷胶及上烘干网带驱动机构、吸附箱(含风机)、上喷胶系统、水雾加湿装置、上烘箱、换热器及蒸汽管路、加热风机、旋风除尘器、机架走台护栏等组成。通过下烘干网带传输过来的胎纸被吸附在上喷胶网带上并随之移动;胶液经上喷胶系统处理后,由喷枪喷嘴从胎纸上方均匀喷洒在移动胎纸的上表面，并渗透至中间。经喷胶后的胎纸进入烘箱，受上方的热空气烘烤实现脱水烘干，并达到一定的强度。

水雾加湿装置用于增加经熟化箱(烘箱)传输出来、过于干燥胎纸的含水量，可提高胎纸的柔软度，便于后续收卷机的卷取工作。

第一节　上喷胶部

上喷胶部Ⅰ套由1台空气隔膜泵、1个工作罐、1个罐体加热温控装置、1台机械隔膜泵、1个背压阀、1个阻尼器、2台喷胶往复机、2支胶枪、1个胶液控制阀、1条胶液管路、2个压缩空气压力调节表、2个压缩空气控制手阀、2条压缩空气管路等组成。

上喷胶部Ⅱ套由1台空气隔膜泵、1个工作罐、1个罐体加热温控装置、1台软管泵、1个阻尼器、2台喷胶往复机、2支胶枪、1个胶液控制阀、1条胶液管路、2个压缩空气压力调节表、2个压缩空气控制手阀、2条压缩空气管路等组成。

上喷胶部的工作原理是将配制好的胶液经计量泵(机械隔膜泵/管泵)、胶液管路、喷枪后被压缩雾化，均匀地喷涂在胎纸表面，如图15-1所示。由同一路控制的胶液在设备端分成两路，分别进入两支做往复运动的胶枪，每支胶枪皆独立控制，并配置一台独立控制的喷胶往复机。每套喷胶系统配置的2台喷胶往复机工作时，需要根据车速、喷胶扇面调整往复速度和错位间距，以达到喷胶的均匀性和理想的喷涂量。

上喷胶部维护保养要点如下：

①喷胶计量泵的工作压力为0.4 MPa。

②胶枪注意清洁，每班(天)停机时需要清洗内部。

③喷胶往复机注意干燥和清洁，注意滑台皮带的清洁，每周检查保养一次，严禁电机遇水。

常见问题及处理方法：

(1)胶枪堵塞

①喷涂液过滤不合格，混有大颗粒。应过滤喷涂液。

②喷胶系统清洗不彻底，喷涂液中混入杂质。应清洗喷胶系统。

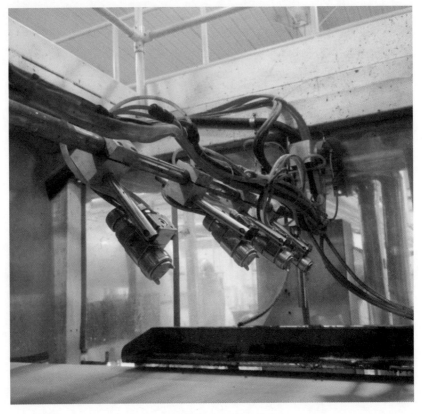

图 15-1 上喷胶

③喷涂液过于黏稠。应调整喷涂液配方。

④发生堵枪时，手动反复开关喷枪，通过喷涂液的瞬时压力来冲击、开启枪针。

（2）胶枪不开枪工作

①压缩空气压力不够。应检查管路，调节压力表控制压力。

②胶枪堵塞。应及时清理。

（3）喷涂时胎纸翘起、翻边

①检查网带清洁度、透气度，以及吸附箱的吸风情况，及时清理，以达到理想吸附效果。

②调整胎纸横向边界，配合调整接胶板，保证喷涂范围，避免直接喷涂到网带上。

第二节 上烘干部

上烘干部由上烘箱、吸附箱(含风机)、旋风除尘器、换热器等组成,如图15-2所示。烘箱与吸附箱组成一个密闭的上下箱体,旋风除尘器与换热器通过管道连接,形成一个环形通道。吸附箱风机工作时,将空气从吸附箱中抽出,经旋风除尘器净化、换热器加热后,再进入烘箱,循环往复,从而对从烘箱与吸附箱中间通过的网带上的胎纸的上表面进行穿透式加热,烘干胎纸中的胶液,使胎纸黏结牢固。

图 15-2 上烘干部

烘箱由进风罩、导风调节装置、箱体、感温器组成。吸附箱及其风机(由PLC、变频器控制)、旋风除尘器、换热器和蒸汽管道等通过管道实现闭路连接,经旋风除尘器净化后的空气再经管道被送入换热器。

烘干Ⅰ部和下烘干部两个烘箱的温度、风量可独立控制,可体现不同的烘干能力,实现不同的烘干效果。

喷胶吸附风机、烘干加热风机的主轴轴承润滑,分别采用加油嘴(外接注入嘴)加注、开启轴承座加注,每6个月保养一次,润滑脂或润滑油为通用油脂。

常见问题及处理方法:

(1)烘干时胎纸翘起、翻边及黏网

①检查前端喷涂工位的喷涂均匀性。

②检查网带清洁度、透气度,以及烘箱的循环风向,及时清理,调节烘箱的热风导风板。

③检查胎纸的烘干程度和均匀度,调整烘箱温度,调节烘箱的热风导风板。

(2)烘箱加热慢或不加热

①检查进气管道压力。正常工作压力范围为0.5~0.6 MPa。

②检查回气管道阀门是否正常开启。

③检查进气电动调节阀是否正常开启,是否需要修理或更换。

④检查处理换热器冷凝水积液。此时需要关闭进气电动调节阀,利用手动阀门打开进气口,排出散热器及管道内的冷凝水。

⑤换热器及蒸汽管路结垢积锈严重,停机吹扫、修理或更换。

(3)网带跑偏

①检查纠偏器光电开关是否工作正常。

②检查压缩空气气压是否满足纠偏器气囊工作压力要求。正常工作压力范围为0.4~0.6 MPa。

③检查网带张紧装置是否张紧。

④检查网带驱动辊、导辊是否粘有异物。

第三节 下喷胶部

下喷胶部由 1 台空气隔膜泵、1 个工作罐、1 个罐体加热温控装置、1 台计量泵(软管泵)、1 个阻尼器、1 条胶液管路(一拖三)、1 个胶液控制阀、3 支胶枪、3 组压缩空气压力调节表(6 个)、3 个压缩空气控制手阀、3 组压缩空气管路(6 个)组成,如图 15-3 所示。

下喷胶部的工作原理为配制好的胶液通过软管泵、胶液管路、喷枪被压缩雾化后,均匀地喷涂在纸幅表面。同一路控制的胶液在设备端被分成 3 路,分别进入 3 支独立控制的固定式胶枪。

图 15-3 下喷胶

下喷胶部维护保养要点如下:

①喷胶计量泵的工作压力为 0.4 MPa。

②胶枪注意清洁,每班(天)停机时需要清洗内部。

③喷胶往复机注意干燥和清洁,注意滑台皮带的清洁,每周检查保养一次,严禁电机遇水。

下喷胶维修要点如下：

①每次使用后，务必清洗喷枪，勿将整支喷枪浸在稀释剂或溶剂中。

②勿损伤喷盖组、喷嘴及顶针。不可使用金属器物清洗喷盖组及喷嘴之间的洞孔。

③可使用沾有稀释剂的刷子清洗喷盖组、喷嘴及其他零件。

④可用稀释剂喷洗喷枪通道内的涂料。

⑤重新组装喷枪前须将零件清洗干净。

⑥不可将顶针的固定螺丝转到底，否则顶针将不能移动。只需将该螺丝拧至不会滴漏涂料即可。

⑦若将涂料调整旋钮依逆时针方向转得太松，会减弱顶针弹簧的弹性，造成喷嘴前端滴漏涂料。

下喷胶部常见故障、产生原因及排除方法如表15-1所示。

表15-1　下喷胶部常见故障、产生原因及排除方法

故障现象	产生原因	排除方法
喷幅不稳定(颤动)，涂料时有时无	①容器内涂料太少；②顶针的固定螺丝干涩或磨损；③喷嘴松弛或损坏	①添加涂料；②润滑或更换顶针的固定螺丝；③锁紧或更换喷嘴
喷面呈新月形	①喷嘴已受损；②涂料积存在喷盖上	①更换喷嘴；②用刷子清洗喷盖上阻塞的空氧孔
喷面一边较重	①涂料积存在喷盖上；②喷嘴脏或损坏	①清洗或更换喷盖；②清洗或更换喷嘴
喷面分离	①涂料太稀或不足；②空气压力太高	①增加涂料黏度；②降低空气压力
喷面中间较重	①涂料稠或太多；②空气压力太低；	①降低涂料黏度；②增加空气压力
涂料自喷嘴流出	①喷嘴或顶针附着异物；②喷嘴或顶针磨扣	①用溶剂清洗喷嘴或顶针；②更换磨损部件
涂料自顶针的固定螺丝流出	①顶针的固定螺丝松弛；②顶针固定螺丝干涩或损坏	①锁紧顶针的固定螺丝；②润滑或更换顶针固定螺丝

第十六章
收卷机设备

收卷机主要由减速电机、赋能辊轴、气胀轴、传感器及机架等组成，如图 16-1 所示。

图 16-1　收卷机

收卷机的上下两根赋能辊轴将烟草薄片压紧，电机通过链条传动带动赋能辊轴旋转，对烟草薄片卷进行收卷操作。收卷后的薄片自然下垂。在收卷过程中通过激光传感器对收卷速度进行监控。如果收卷速度过快，则薄片会下垂过快，遮住激光传感器，电机就会减速；如果收卷速度过慢，激光传感器检测到后会使电机加速。收卷后的薄片送到切丝机进行切丝。

收卷初始，需要在保证安全的条件下手动传料，即手动将初步判断合格且有一定强度的纸幅产品从压实辊中间、换卷备用承纸轴与卷纸辊之间穿过，最终从工作承纸轴(此时要确保工作承纸轴是手动开启状态，与卷纸辊分开)下方拉出，并随车速持续拉动。当从熟化箱到手工拉动位置之间的纸幅平整后，即可用手动气缸将工作承纸轴合拢到卷纸辊上，同时切断手中纸幅，纸幅产品便在卷纸辊的转动下顺利围绕承纸轴卷取。收卷初始也可以利用换料切断装置(此时工作承纸轴与卷纸辊处于自动开启状态，不是手动开启状态)，即手工传料并将纸幅拉平整后，启动换料切断装置，纸幅被切断后受换卷备用承纸轴上纸芯胶黏及卷纸辊转动的共同作用。至此，收卷动作完成。

收卷初始手动传料及断纸过程中，一定要保证人身安全，严禁人员进入设备区域内工作。

收卷机维护保养要点如下：

①维护、检查前应先切断电源并等待5分钟，否则会有触电的危险。

②除指定的人员外不得进行维护、检查、更换配件。

③请专业人员定期紧固接线端子螺丝。螺丝松动会导致发热或着火。

④传动部分中电机减速机使用前应注满重负荷机械油，并根据使用情况定期检测(一个月)，注意液面高低情况。应经常注意该部分的运行状况，如有异常应及时停机检查。定期检查同步轮和同步带磨损情况，如有异常应及时停机检查。

⑤设备电气部分集成好后，勿随意拆装。

⑥电源部分一定要有可靠的接地。

收卷机常见故障、产生原因及排除方法如表16-1所示。

表16-1　收卷机常见故障、产生原因及排除方法

常见故障	产生原因	排除方法
蜂鸣器长鸣	①传感器输出有误； ②机器有其他方面故障	①调节传感器； ②对电气线路进行检查

续表 16-1

常见故障	产生原因	排除方法
变频器异常报警	①运行过载; ②失压、超压等故障	①查看变频器的显示状态; ②参照变频器使用说明书处理
电源指示灯不亮	①急停开关没有打开; ②按钮开关接触不良; ③继电器故障	①打开急停开关; ②更换按钮开关; ③更换继电器
辊筒有异响	①辊筒上粘有异物; ②轴承严重磨损	①清理辊筒; ②需更换轴承
出料两侧厚度不均匀	辊筒左右调节不平衡	重新调节

第十七章
分切设备

干法薄片切丝机利用定长刀辊上交错的刀刃，在旋转过程中通过与刀枕挤压，在薄片上切出 30 mm 的长条，然后经过切丝刀组，将长条切成 1 mm 宽，完成整个过程后，薄片被切成尺寸为 30 mm×1 mm 的烟丝，达到定长切丝的目的。

切丝机主要由两根切丝刀辊、支撑板、梳丝刀、齿轮、链轮等组成，如图 17-1 所示。切丝刀辊辊面上加工有多个凹槽，槽宽与切丝宽度一致。两根切丝刀辊呈凹凸配合状，对薄片进行剪切，完成切丝。刀辊材质为合金钢，如 9CrSi、Cr12Mov 等，热处理后硬度高，耐磨性好，刃口锋利，切口整齐，无毛边。

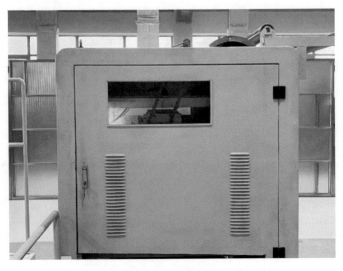

图 17-1　切丝机

切丝机常见故障、产生原因及排除方法如表17-1所示。

表17-1 切丝机常见故障、产生原因及排除方法

常见故障	产生原因	排除方法
①减速机工作不正常，温升过高； ②减速机不转或稍转即停，不能正常工作； ③外壳烫手，有焦味	①一相断路(即缺相)； ②负载过大； ③减速机本身存在故障或超载	①接通电路； ②卸载后启动或更换较大功率的减速机； ③更换减速机
①并丝； ②丝条比正常宽	①切丝刀磨损； ②切丝刀部分损坏	①更换切丝刀； ②维修切丝刀辊
①连丝； ②丝条比正常长	①横切刀辊和光辊间隙过大； ②横切刀辊刀尖磨损	①微调间隙； ②更换横切刀辊
①切丝刀"闷车"； ②开始工作正常，然后转速逐渐降低，直至断路器因负载过大而跳闸停止	①新刀未磨合； ②薄片进料层数多	①磨合一段时间； ②控制进料速度
①薄片粘连于横切刀辊上； ②喷吹管无压缩空气吹出或吹气很少	①气源未开或空气管路泄漏； ②喷吹管损坏； ③单向阀未接通或损坏	①打开气源开关并检查冷空气管路有无泄漏； ②更换喷吹管； ③打开或更换单向阀

附　录

附录一　诊断与维护

>>>

一、故障诊断

（1）重视故障现象并分析重要的故障信息

对于设备发生错误或因故障造成生产设备无法正常运行的情况，需要对设备出现的问题进行诊断，找出问题出现的原因，运用相关工具和方法进行分析并解决。发现设备存在问题时，不要急于处理，而是先要对问题进行分析，了解故障现象，收集最原始的故障现象。收集到的信息可能是问题产生的直接原因，也可能是干扰信息，影响对故障现象的直接判断。因此要对故障现象进行逐一分析，通过排除法厘清大致的思路。只有寻找到正确的方向才能更快速地解决问题。

（2）通过故障现象查找关键且具体的故障原因

在分析设备故障信息的过程中，可通过各种手段，利用不同工具对设备进行逐一检查，从设备硬件的角度来看，主要包括机械元器件的观察分析、各辅助元器件的检查、故障现象直接相关部位的检查。还可以从设备软件的角度进行分析，根据故障现象和错误信息直接锁定故障产生的原因。在锁定故障原因的过程中要尽可能进行直接判断，不再对设备进行拆卸或更换部件进行查找，以免产生新的问题与原故障发生混淆，将问题复杂化。

（3）故障的处理需要标本兼治

找到故障原因后可能有临时的处理措施或改变原有情况的快速处理方式，但在条件允许的情况下，尽可能还原设备的原始状态，从根本上解决设备存在的问题，杜绝相同的故障短时间内再次发生。故障的处理需要考虑经济因素和设备安全，对于必须更换的组件或者元件，可以直接进行更换，但若通过修复可以有效解决设备存在的问题，则可以仅对相关部件进行修复处理。

处理设备的过程中，如果发现对设备机械结构进行改进或对控制程序进行优化可以避免此类问题的再次出现，那么可以通过改进优化的方式有效解决设备存在的相关问题。

设备存在的问题解决后，要从内到外对设备进行全面检查。对维修或更换后的备件进行确认，确认完毕后通电试机，无异常后才能使用。

二、设备维护

设备维护分为日常维护、周期性维护、特殊情况维护等。常规电气设备检查大致包括：①检查电缆线、接触器、断路器等接线头是否有发热或变色现象；②检查电流、电压表指示是否正常，检查指示灯是否正常，检查无功补偿是否正常；③检查变压器的温度、油位、接地情况、高低压电缆接线头的颜色，并检查设备外表有无漏电痕迹；④检查高低压室外架空线路；⑤清扫电气柜内的积灰与异物；⑥修复或更换即将损坏的电气元件；⑦整理内部接线，使之整齐美观。

电气系统出现故障时，不应急于采取拆卸措施，而应先深入了解故障的成因、经过、范围和现象，熟悉设备和电气系统的基本工作原理，分析各个具体电路，明确各级电路之间的相互联系，以及电路中信号的传递情况，并进行仔细的分析。这样才能迅速找出故障点，然后采取正确有效的维修措施，排除故障，恢复设备正常运行，保证生产顺利进行。

总结所得经验，以提升工作效率。要想快速诊断出故障点，相关人员必须具备丰富的实践经验。电气设备可能出现的故障多种多样，相关人员要不断提高故障诊断和排除能力，从实践中积累经验。具体而言，相关人员在进行电气设备的故障检修后，必须将故障现象、原因、检修经过、技巧和心得记录在专用笔记本上，以便学习和掌握各种新型电气设备的机电理论知识，熟悉其工作原理,并积累维修经验。要想快速排除各类电气故障,相关人员必须具备良好的技术素质和较高的业务素质,在遵循理论指导的前提下,对具体故障进行深入分析,迅速、精准地排除故障。

附录二 设备管理

>>>

一、现代设备管理

现代设备管理是以设备全生命周期为研究对象,通过动员全员参与,运用现代科学技术和先进管理模式,开展设备综合管理工作,从而实现设备寿命周期费用最经济、设备效能最高的目标。现代设备管理方式主要包括以下几个方面。

(1)开展设备全过程管理

设备全过程管理是将设备规划、制造、采购、安装、使用、报废等环节作为一个整体进行综合管理,包含设备的物质形态管理和价值运动形态管理,从而获得最多的效益。

(2)开展设备运行管理

设备运行管理是企业管理的一个重要内容,它的一切活动都要为贯彻企业的经营方针服务。企业经营方针规定设备管理的方向、主要内容及技术经济成果;而设备运行管理则为贯彻公司的经营方针提供技术保证和经济效益保证。

(3)开展设备管理的综合研究

为适应不断变化的科学技术、管理理念,应对设备的工程技术、财务经济与组织措施三个方面进行综合研究。掌握好这三方面的知识,是管好现代化设备的必要条件和保证。

(4)加强设备的维修工作

设备的综合经营管理打破了把设备管理局限在维修上的传统观念,但它并不否定设备维修的重要性,相反,它认为要进一步做好设备的维修工作,并将其当成设备管理活动中的一项重点工作,利用综合经营管理的观点来指导、带动设备的维修工作。

(5)推行全员生产维修活动

以提高设备的效率为目标,动员全员参与生产维修活动。运用 TPM(全员生产维护)管理理念,以"6S"(整理、整顿、清扫、清洁、素养、安全)活动为基础,建立全员参加管理的设备检查维修制度,推进设备全员管理。

二、设备目标管理

目标管理是以目标为导向,以人为中心,以成果为标准,使组织和个人取得最佳成效的现代管理方法。有效的设备目标管理策略主要包括以下内容:

①设定明确的设备管理目标。企业应设定明确的设备管理目标,包括设备性能、可靠性、维护成本等方面。这些目标应与企业的整体战略和业务目标相一致。

②制订设备管理计划。企业应制订详细的设备管理计划,包括设备维护、修理、更新等方面的安排。计划应具有可行性、可操作性和可持续性。

③实施设备目标管理的 PDCA 循环。PDCA 循环是一种有效的管理方法,可以帮助企业实现设备目标管理。具体包括:制定计划(plan)、执行计划(do)、检查效果(check)和采取改进措施(act)。

④建立设备管理指标体系。企业应建立一套科学的设备管理指标体系,包括设备性能指标、可靠性指标、维护成本指标等。这些指标应能够反映设备管理的实际状况,为评估设备管理效果提供依据。

⑤监控设备管理过程。企业应对设备管理过程进行实时监控,包括设备运行状态、故障情况、维护修理情况等。通过对数据的收集、分析和评价,及时发现和解决问题。

⑥培训和激励员工。企业应加强对员工的培训,提高他们的设备管理能力和技术水平。同时,通过激励机制鼓励员工积极参与设备管理,激发他们的工作积极性和创造力。

⑦采用现代信息技术手段。企业应利用现代信息技术手段,如物联网、大数据、云计算等,实现设备管理的数字化和智能化。这有助于提高设备管理效率和效果,降低管理成本。

⑧加强设备供应商管理。企业应与设备供应商建立良好的合作关系,选择优质的供应商,确保设备的质量和性能。同时,与供应商共享设备使用和维护经验,共同提升设备管理水平。

⑨不断优化和完善设备管理策略。企业应根据内外部环境的变化和实践经验的积累,不断优化和完善设备管理策略,以适应新的挑战和机遇。

三、重点设备管理

根据设备价值、对生产工艺质量影响程度、零配件采购周期等，建立重点设备台账，并进行有针对性的点检、维修、润滑、保养和预防。

重点设备管理方法主要包括：

①建立重点设备操作、维护手册，规范重点设备操作、维护流程。

②建立重点设备日常点检、维修、润滑、保养管理机制，提高设备稳定性和可靠性。

③建立重点设备预防性维护机制，提高设备运行效率和使用寿命。

④确立完善的设备保障机制，以确保关键设备的正常运行(包括备件供应、维修人员的专业培训等)。

⑤运用信息化手段，加强重点设备运行数据管理、分析，提高设备管理效率。

四、设备前期管理

设备的前期管理阶段，包括设备的规划、购置、安装等，这些环节花费了设备全生命周期费用的90%左右。在这个阶段，企业需要对设备进行选型和采购，选择适合企业生产需求的设备。设备的适用性、可靠性和维修性直接影响设备的使用寿命和经济效益。如果设备选择得不合适，可能会导致设备在使用过程中频繁出现故障，从而增加企业的维护成本和停机时间。

这个阶段的投资决策不仅影响企业产品的成本，还决定了设备的适用性、可靠性和维修性，以及企业装备的技术水平和系统功能，进而影响企业装备效能的发挥和可利用率，以及生产效益和产品质量，因此必须引起高度重视。设备前期管理方法的核心要素主要包括：

(1)设备规划与选型

在设备规划与选型阶段，企业需要进行设备的调研与规划，制订设备投资计划及费用预算，选择技术性能先进、耗能小、安全可靠的先进设备。此外，设备选型还需要考虑设备的环保性、节能性、操作性等因素。

(2)设备采购与合同管理

在设备采购与合同管理阶段，企业需要进行设备货源调查及市场情报的搜集、整理与分析，选择供应商，签订设备采购合同，并进行合同管理。

（3）设备安装、调试与验收

在设备安装、调试与验收阶段，企业需要进行设备的开箱检查、安装、调试、试运行验收和投产使用。此外，企业还需要对设备安装中的隐蔽工程和关键工序进行中间验收。对设备安装工程的验收应在设备调试合格后进行。

五、设备状态监测和故障诊断

设备状态监测和故障诊断是保障设备安全可靠运行的重要手段。随着科技的发展，这些技术手段也在不断进步和发展。

（1）传统设备监测方法

传统设备监测方法主要包括人工日常巡视、检修。值班人员开展日常巡视，并定期对设备进行例行检查，可以及时发现设备存在的异常，避免事故的发生。这种方法依赖于人的经验和判断，对于复杂设备而言，可能会存在盲区。

（2）基于传感技术和计算机技术的设备状态监测方法

随着传感技术和计算机技术的发展，设备的状态监测方法向着自动化、智能化的方向发展。例如，声音传感的设备状态监测系统可以以音频数据为核心，辅以其他设备参数，通过物联网技术实现设备状态的远程感知，保证生产安全，优化生产决策，实现设备故障的早期感知。

（3）精密诊断技术

精密诊断技术主要包括故障特征信息提取和故障分类，以及统计识别、模糊逻辑、灰色理论、神经网络等诊断理论与方法。这些技术可以通过对设备状态信号的处理分析、特征提取来定量诊断(识别)机械设备及其零部件的运行状态。

六、设备故障管理

设备故障管理是设备管理的重要组成部分，主要涉及设备故障的预防、检测、分析和处理等方面。设备故障一旦发生，将导致生产经营活动中断，甚至发生人身伤亡等，给企业和员工带来极大的损失。因此，有效的设备故障管理对于企业的正常运营至关重要。

（1）设备故障的定义和特征

设备故障通常定义为设备(系统)或组件在运行过程中失去其指定性能的

情况。设备故障可以根据发生的时间、速度分为突发性故障和渐进性故障。突发故障通常没有明显迹象，突然发生，无法通过事先检查或监测来预测。渐进性故障是由于受各种因素的影响，设备初始参数逐渐恶化，衰变过程逐渐发展而发生的故障，如设备零件的磨损、腐蚀、疲劳、老化。

（2）设备故障管理的重要性

设备故障管理的重要性主要体现在以下几个方面：

①有效的设备故障管理可以帮助企业及时发现和处理设备故障，避免因设备故障导致的生产经营活动中断。

②设备故障管理可以帮助企业分析设备故障的原因，从而采取相应的措施预防类似的故障再次发生。

③设备故障管理还可以帮助企业评估设备的可靠性和维护需求，为企业制订合理的设备维护策略提供依据。

（3）设备故障管理的方法

设备故障管理的方法主要包括以下几个方面：

①企业应该建立完善的设备故障记录系统，对设备的故障情况进行详细记录和跟踪。

②企业应该定期进行设备的检查和维护，及时发现和处理设备故障。

③企业应该加强对设备故障原因的研究，找出设备故障的根本原因，并采取相应的纠正措施。

七、设备可视化看板管理

设备可视化看板管理是一种高效的管理形式，它通过对各种管理方法和手段所搜集到的有用数据进行看板显示来达到优化管理效果的目的。

（1）设备可视化看板的基本功能

设备可视化看板是一种高效的管理工具，它可以帮助企业管理设备状态和档案，提高设备管理的效率。以下是它的一些主要功能：

①设备状态一目了然。通过可视化看板，可以快速查看各设备的状态，包括正常运行、带病运行、待机停休、停用、报废等状态。用户可以根据实际需求手动灵活拖曳设置标题，系统自动同步修改其他表单设备的状态。

②高效管理所有设备可视化看板。在业务需求发生变化时，通过快速拖曳调整设备状态或顺序，系统会自动同步更新数据，实现一步到位。

③多条件快速定位核心数据。在大量的设备数据中，可以通过输入查询条件快速定位设备的状态，支持自定义设置多个查询条件，包括文本、人员选择、数字、时间等控件。

④快速发起设备巡检保修。在利用可视化看板管理设备时，可以根据实际业务快速发起巡检，无须来回切换到其他页面发起巡检或维修保修。

⑤分享可视化看板数据安全有保障。可以将设备可视化看板分享给管理层或团队成员，对于一些设备重要数据，可以设置为仅查看，查看者不能修改编辑。同时，也可以设置数据流转日志、审批动态、评论等是否为可查看，支持设置任何人或指定的人进行管理。

⑥自定义设置高颜值可视化看板。可视化看板支持自定义设置内容，包括卡片标题、截止时间、负责人、卡片颜色、封面图（支持多张图自动播放）、展示模式、显示内容等。

（2）设备可视化看板的管理应用场景

可视化看板工具不仅可以应用于设备管理，还可以应用于项目管理、部门工作管理、人员管理等多个场景，在生产车间设备状态管理、消防器具巡检管理、设备机房管理、建筑施工设备管理、物业配电房管理等方面都有广泛的应用。

（3）设备可视化看板管理的优势

相比传统的设备管理模式，如纸质记录或 Excel 表记录设备事故、异常、重大维修等重要数据，设备可视化看板管理具有许多优势：

①工具限制小：只需要会操作手机即可上手操作，无须学习复杂的计算机软件。

②数据安全性高：可以通过设置数据权限来保证数据的安全性。

③管理效率高：可以通过自动化监控和更新来提高设备管理的效率。

④自定义性强：用户可以根据实际需求自行设置可视化看板的内容和样式。

八、信息化设备管理

信息化手段在设备管理中的应用已经成为现代企业管理的趋势。随着工业4.0 的发展，信息化在工业中的应用也越来越广泛。在设备管理中，信息化手段可以帮助企业更好地收集、分析和共享设备信息，从而实现设备管理的自动化和科学化。

(1)信息化设备管理的主要内容

信息化设备管理主要包括设备信息采集、设备信息分析、设备信息共享和设备信息管理四个环节。

①设备信息采集。通过传感器、编码器、计量仪表等技术手段，对设备的运行状态、温度、压力、转速等进行实时监测和数据采集。将采集到的数据进行处理，可以更准确地了解设备的运行状态和健康状况，对设备进行故障预测和预防性维护，提高设备的利用率和生产效率。

②设备信息分析。对采集到的数据进行分析和处理，获取设备的运行趋势、异常点、故障原因等信息。通过设备信息分析，能够更好地了解设备的运行情况和状况，快速发现设备的故障和问题，以便及时采取维修和维护措施，保证设备的正常运转。同时，设备信息分析也可以帮助企业优化设备的使用方式和工作流程，提高设备的利用效率和生产效率。

③设备信息共享。将采集到的设备信息进行标准化、格式化处理，以方便设备信息在不同的系统之间共享和传递。通过设备信息共享，各个部门的员工都可以共享设备的相关信息，了解设备状况和运行状态，更好地协作工作，提高生产效率和质量。

④设备信息管理。将设备采集到的信息进行分类、整理和管理，以便更好地掌握和管理设备。通过设备信息管理，可以维护设备信息的完整性、可靠性和安全性，保证设备信息的准确性和可用性。同时，还可以对设备进行维修、更换和处置等管理工作，确保设备长期稳定运行。

(2)信息化设备管理的优势

信息化设备管理具有许多优势，包括：

①提高设备管理的效率和准确性：通过信息化手段，企业可以实时监测设备的状态，及时发现潜在的问题，并采取适当的维护措施，从而提高设备的稳定性和生产效率。

②优化资源利用：信息化设备管理可以帮助企业更好地规划和安排设备的使用，避免资源的浪费，并提高资源的利用率。

③降低维护成本：通过预防性维护和故障预测，企业可以减少突发性的设备故障，降低维护成本和停机时间。

④提高企业的决策能力：信息化设备管理可以为企业提供实时、准确的设备数据，帮助企业作出更明智的决策，提高企业的竞争力。

⑤促进企业文化的转变：信息化设备管理需要企业全体员工的参与和支持，因此它可以促进企业文化的转变，提高员工的工作积极性和效率。

九、设备点检

设备点检是现代工业生产中不可或缺的一环，通过定期对设备进行全面的检查和维护，可以及早发现设备问题，及时进行维修，以确保生产线的稳定和产品的质量。

设备点检可以根据检查周期、检查部位、检查内容等不同进行分类。一般而言，设备点检可分为日常点检、定期点检和专项点检三种类型。日常点检是指每天对设备的日常运行状况进行检查，及时发现和处理小问题。定期点检是指按照一定的周期对设备的关键部位进行检查和维护，以确保设备的正常运行和生产线的稳定性。专项点检是指针对一些特定问题，对设备进行的专门检查和维修。

设备点检可以通过视、听、触、味、嗅等人体感觉器官或简单仪器、工具等对设备进行检查。做好设备检查维护，可实现：

（1）发现并预防设备故障

设备日常检查可以帮助发现设备的早期故障和异常，从而及时进行修理和调整，防止故障进一步扩大。开展日常检查可以及时发现设备的磨损、松动、泄漏等问题，并采取相应的维护措施，避免因设备故障导致的生产中断和经济损失。

（2）保证设备正常运行

设备日常检查可以确保设备处于良好的运行状态，各部件之间配合紧密，设备的性能稳定。通过检查，可以发现设备的微小问题，并及时进行调整和维护，保证设备的正常运行，提高生产效率和产品质量。

（3）延长设备使用寿命

开展设备日常检查可以发现设备的老化和磨损情况，并及时进行更换和修理，从而延长设备的使用寿命。通过定期的检查和维护，可以保持设备的最佳状态，减少因设备故障导致的停机时间和维修成本。

（4）降低生产成本

开展设备日常检查可以预防设备故障和停机，从而降低设备问题导致的生产中断和原材料浪费，降低生产成本。及时发现和处理设备存在的问题，可以避免设备故障导致的大规模生产延误和产品报废，提高生产效率和经济效益。

(5) 提高安全生产水平

设备日常检查可以确保设备的安全运行，防止设备问题导致的安全生产事故。通过检查设备的运行状态和安全性，可以及时发现和消除设备的隐患，保证员工的人身安全和企业的正常运营。

十、设备区域维护和保养

区域维护是一种劳动组织形式，其核心在于对设备进行细致分类，并由钳工、电工等专业人员组成区域维护小组，对所分配区域内的设备进行细致的维护工作，从而实现区域维修责任制，并达到预期目标。

(1) 设备区域维护和保养的任务和形式

区域维护小组是设备的区域维护和保养主要组织形式，全面负责生产区域的设备点检、维修、保养和应急修理工作。

①负责本区域内设备的维护修理工作，确保完成设备完好率、故障停机率等指标。

②认真执行设备巡检工作，指导和协助操作人员做好日常设备保养工作。

③在车间设备管理员指导下开展设备维护、故障分析和状态监测等工作。

④设备维护保养时，需做好相关维护保养记录，加强设备维护数据分析，提升设备维护水平。

(2) 设备区域维护和保养的方法

设备区域的维护和保养方法主要包括预防维修、例行性保养、改善维修等。

①预防维修是为了降低因设备突发故障对生产产生较大影响而进行的事前维修，可提高设备的稳定性和可靠性。

②例行性保养是日常开展的设备点检、润滑、保养、零配件更新活动。

③改善维修是综合分析设备故障原因，从提升设备稳定性、寿命、经济效益等角度出发，对现有设备材料或零部件进行改进、升级等，增强设备的运转能力，便于开展之后的维修作业。

十一、备件 ABC 分类管理法

备件 ABC 分类管理法是指将备件按一定的原则、标准分为 A、B、C 三类进行管理的方法。这种分类管理法的重点在于识别和管理关键的备件，以确保设备的正常运行。A 类备件被认为是最重要的，占备件库存资金的 70%～80%；B 类备件的重要性为一般，数量中等，占备件库存资金的 20% 左右；C 类备件最不重要，仅占备件库存资金的 3%～5%，但其数量最多，且都是低值品。这种管理法有助于管理者将注意力集中在最具价值的备件上，从而最大限度地节约资金和降低备件储备费用。

（1）备件 ABC 分类管理的分类标准

备件的 ABC 分类可以根据多种标准进行，例如：

按备件的技术特性分类：可以分为标准件、专门件和特制件。

按备件的使用特性分类：可以分为常备件和非常备件。

按备件的来源分类：可以分为外购备件和自制备件。

按备件的重要程度分类：可以分为关键备件、通用件/标准件和易损件。

同时，还可以按备件的使用寿命、采购周期、资源储备进行分类。

（2）备件 ABC 分类管理法的应用

备件 ABC 分类管理法在设备维修资源管理中起着重要作用，可以帮助企业有效地管理和储备备件，以满足设备的维修需求。采用这种分类方法，企业可以有针对性地管理主要矛盾，即区别主次，分类管理。此外，这种分类管理法还可以显著减少资金储备，加速资金周转，提高设备的可靠性。

十二、设备精度指数

设备精度指数可以用来判断设备的劣化程度，从而指导设备的维护和修理。例如，当设备精度指数低于某个阈值时，可能意味着设备需要进行修理或更新。此外，设备精度指数还可以用来评估设备的精度性能，从而指导设备的选择和使用。设备精度指数已被广泛地运用于机械、电子、轻工等行业之中。设备精度指数的应用范围涵盖多个领域，其中包括但不限于精度评估：

①确保生产加工的精度，精确设备的几何形状。

②为了制定设备的检修计划，必须全面了解设备精度的恶化情况，以便提供可靠的依据。

③通过实践探索,揭示设备精度和产品质量之间的内在规律,深入研究机械能力指数(CM 值)和设备精度指数之间的关系。

十三、设备技术改良与升级

设备技术改良与升级是企业提高生产效率和产品质量,降低产品成本和工人劳动强度,实现环境保护及改善劳动条件的重要手段。这不仅能够提高企业的经济效益,还能够增强企业在市场上的竞争力。

(1)设备技术改造的意义

设备技术改造是一种重要的技术措施,它通过应用现有的技术成果和先进经验,根据生产需要,对旧设备进行升级改造,提升设备技术性能。这种改造方式具有很强的针对性和适应性,具有投资少、见效快的特点。

(2)设备技术改造的方向

设备技术改造的方向主要包括以下几个方面:

个性化定制:标准化大批量生产变为个性化定制生产,企业能生产消费者特别偏好的个性产品或提供相应服务。

智能生产:最大限度地减少公差,提高产品精度和质量。

设备更新:对在技术上或经济上不宜继续使用的设备,用新的设备更换或用先进的技术对原有设备进行局部改造。

设备技术改造:应用现代科学技术的新成果,对旧设备的结构进行局部改革,如安装新部件、新零件或使设备的技术性能得到改进。

十四、班组设备管理

班组设备管理是以设备为对象,以班组为管理单位,通过一系列技术、经济、组织措施,对设备的全过程进行科学管理,以追求设备寿命周期费用最经济、设备效能最高的一种新型管理模式。

班组所采用的设备管理涵盖多个方面的内容:

①确立班组设备管理的目标。

②确立一个全面的班组设备管理框架(包括班组台账、原始凭证、信息传递等)。

③确立班组经济责任制的考核与评比机制,并实施严格的组织管理,逐步提升班组设备管理水平。

④班组设备管理中的设备隐患和发展监管。对设备的隐患和发展责成有关人员进行监管，并准备随时作出决断，及时发现和解决问题，防止问题扩大导致设备损坏或者生产中断。

附录三　设备保养、维护与维修

一、设备的保养和维护工作

在设备管理工作中，正确地保养和维护设备是至关重要的一个环节。设备的保养和维护是对设备进行规范化的清扫、检查、调整、润滑、更换、对中、防腐、疏通等保养操作，维持设备功能、状态和精度，满足生产工艺和设备全生命周期管理要求，防范设备性能劣化风险。

设备保养和维护应遵守安全、预防、经济、标准的原则，其涵盖多个方面，包括设备的清扫、点检、润滑、防腐、调整及设备安全检查等。设备的正常运行、产品的品质及企业的生产效率，都与保养和维护的程度直接相关。

设备保养工作应坚持 PDCA 循环，并符合以下要求：

①企业要按照设备保养分类与分工要求、自主维护要求及设备运行特点，制订及完善设备维保标准，标准中需明确设备保养部位、周期、类别、工具、责任人、方法、验收标准等内容。

②企业可根据生产、质量、设备管理等方面的需求临时增加设备保养安排。

③企业应及时分析改进保养工作，不断改进优化保养工具、保养部位、保养方式等内容，以提高保养效率，保证保养效果，降低保养操作安全风险，并及时修订完善设备维保标准，并宣贯培训。

二、设备的维修工作

设备维修是指设备技术状态劣化或发生突发故障后，为恢复其功能和精度而进行的更换或修复失效零件的技术活动。除了正确使用和维护设备外，还需要定期对零配件进行维修或更换，制订必要的检修计划，恢复设备的性能和精度，保证产品的质量，并发挥设备的最大效能。

（1）设备维修规范

设备验收投入正常使用前，凡属新型号设备，应结合实际情况，组织编制《设备维修标准》，并根据设备故障隐患数据统计分析，不断优化完善，以保持《设备维修标准》的准确性、规范性、科学性。《设备维修标准》的内容必须遵守设备安全操作和风险防范要求。新编或变更的《设备维修标准》经审核通过后，应组织相关岗位人员展开规范培训和测评，必要时进行实操演练，确保标准科学执行、人员技能达标、安全风险可控、设备维修与保养工作执行到位。

（2）设备维修要求

企业应根据设备日常运行情况（效率、故障率、产品质量保障情况）及健康状态检测情况，确定项目部位和主要内容，制订检修计划。各级维修人员应严格按照检修计划和规范，提前做好零配件、工具、机物料、标识牌等准备工作。设备检修作业区域应保持相对独立，对其他设备不产生干涉和影响，设备保养作业时应悬挂警示标识牌，做好安全防护，现场保持整齐、有序。检修负责人应组织检修执行人员按时按质完成检修项目，完成设备调试，并填写相关记录。设备检修过程中发现设备内部出现新的故障隐患时，应及时组织维修，如不能及时维修，应做好临时防范措施并上报。检修完毕后，应组织生产、维修、质检等人员试机检验，确定设备运转正常、产品质量合格。设备检修验收完成后，使用部门的设备技术人员应对设备运行情况进行跟踪。特别是检修完成后，应跟踪收集产量、质量、效率等运行数据，评估设备检修的效果。

（3）设备维修安全管理

维修前应确保设备断电并挂牌；需要登高、用电、动火（如氧割、电焊）等危险作业时，须按要求办理相关审批手续才能施工；维修结束后，安全防护装置必须还原并确保功能正常。

设备的维修工作与企业的生产经营和效益息息相关，应对设备维修效果进行跟踪、评价，定期对设备维修实施情况进行检查，持续开展设备维修工作分析与改进，不断提升设备维修工作管理水平。

参考文献

［1］王振成. 设备管理故障诊断与维修［M］. 重庆：重庆大学出版社，2020.

［2］喻树洪. 设备维修方法［M］. 北京：中国工人出版社，2021.

［3］吴拓. 实用机械设备维修技术［M］. 北京：化学工业出版社，2013.

［4］时献江. 机械故障诊断及典型案例解析［M］. 北京：化学工业出版社，2020.

图书在版编目（CIP）数据

再造烟叶设备日常故障诊断及维修 / 周贤钢主编.
—长沙：中南大学出版社，2024.7
ISBN 978-7-5487-5863-1

Ⅰ. ①再… Ⅱ. ①周… Ⅲ. ①烟草设备－故障诊断
②烟草设备－维修 Ⅳ. ①TS43

中国国家版本馆 CIP 数据核字（2024）第 107284 号

再造烟叶设备日常故障诊断及维修

周贤钢　主编

□出 版 人	林绵优	
□责任编辑	刘颖维	
□封面设计	李芳丽	
□责任印制	唐　曦	
□出版发行	中南大学出版社	
	社址：长沙市麓山南路	邮编：410083
	发行科电话：0731-88876770	传真：0731-88710482
□印　　装	湖南鑫成印刷有限公司	

□开　　本	710 mm×1000 mm　1/16	□印张 8.75	□字数 174 千字
□版　　次	2024 年 7 月第 1 版	□印次 2024 年 7 月第 1 次印刷
□书　　号	ISBN 978-7-5487-5863-1	
□定　　价	78.00 元	